普通高等教育教材

环境工程综合实验

蓝惠霞　陈　平　顾元香　主编

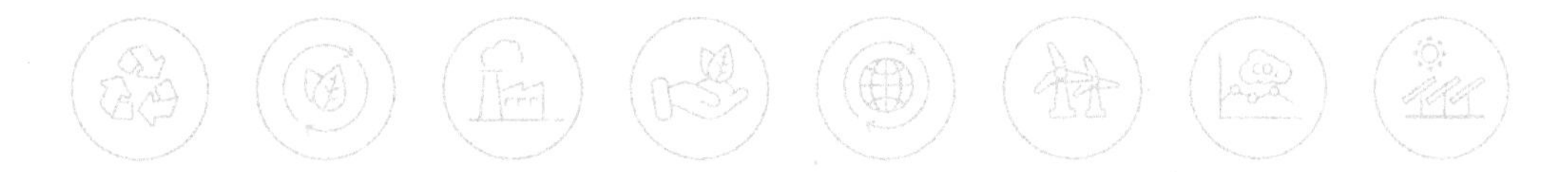

化学工业出版社

·北京·

内容简介

本书是高等院校环境工程专业实验教材，主要内容包括：实验室安全、实验设计与数据处理、实验相关指标测定方法及有关实验、大气污染控制工程实验、水污染控制工程实验、固体废物处理与处置实验、物理性污染控制工程实验等。本书针对城镇化、工业化进程中污染防治需求，将实验设备、装置高度综合，并采用图书配视频的形式，提供了丰富的数字资源。

本书可作为高等院校环境工程、环境科学等相关专业的实验教学用书，也可供从事环境保护的科研人员以及环境工程技术人员参考。

图书在版编目（CIP）数据

环境工程综合实验 / 蓝惠霞，陈平，顾元香主编. 北京 : 化学工业出版社，2025. 6. -- (普通高等教育教材). -- ISBN 978-7-122-47823-8

Ⅰ. X5-33

中国国家版本馆 CIP 数据核字第 2025M607F7 号

责任编辑：郭宇婧　满悦芝　　文字编辑：贾羽茜　杨振美
责任校对：宋　玮　　装帧设计：张　辉

出版发行：化学工业出版社
（北京市东城区青年湖南街 13 号　邮政编码 100011）
印　　装：北京印刷集团有限责任公司
787mm×1092mm　1/16　印张 10¾　字数 260 千字
2025 年 7 月北京第 1 版第 1 次印刷

购书咨询：010-64518888　　售后服务：010-64518899
网　　址：http://www.cip.com.cn
凡购买本书，如有缺损质量问题，本社销售中心负责调换。

定　　价：39.80 元

前　言

在工程教育专业认证和一流专业、一流课程建设的背景下，环境工程综合实验作为环境工程专业的骨干实践课程，需以 OBE 教育理念设计课程以提高学生解决复杂工程问题的能力。本教材共 7 章，分别为实验室安全、实验设计与数据处理、实验相关指标测定方法及有关实验、大气污染控制工程实验、水污染控制工程实验、固体废物处理与处置实验、物理性污染控制工程实验。教材所设置的工程实验项目均基于实际工程的典型项目。

本教材旨在提高学生解决复杂工程问题能力，将单独操作单元高度综合，并对所需时间长、危险性高的实验项目采用半实物仿真形式展现；教材采用图书配数字资源形式，不仅有利于环境相关专业在校学生学习，而且方便相近专业学生及从业人员自学。

本教材由青岛科技大学环境工程专业蓝惠霞、山东科技大学环境工程专业陈平、青岛科技大学环境科学专业顾元香等教师编写，山东科技大学环境工程专业唐小玲老师参与编写。

本教材在编写的过程中得到了许多教师和学生的帮助，路明义、宫磊等教师提出了宝贵的意见，王闪闪、刘德金、齐世鑫等在图表编辑方面做了大量工作，李克、曹其亮、霍宗超、王龙玉、李昊洋、王超平等同学在视频拍摄和剪辑方面做了大量工作，林也程、王相智等同学在文字编辑等方面做了大量工作，在此表示衷心感谢！

由于编者水平有限，教材中难免有不当之处，敬请读者批评指正，在此表示诚挚谢意！

编者

2025 年 1 月

目　录

1
实验室安全

1.1 用电设备使用安全

① 使用电力设备时，应先检查电源开关、电机和设备各部分是否完好。如有故障，应先排除后，方可接通电源。

② 启动或关闭电气设备时，必须将开关扣严或拉妥，防止似接非接。使用电子仪器设备时，应先了解其性能，按操作规程操作。若电气设备过热或有煳焦味时，应立即切断电源。

③ 人员较长时间离开房间或电源中断时，要切断电源开关，尤其是要注意切断加热电气设备的电源开关。

④ 电源或电气设备的保险丝烧断时，应先查明烧断原因，排除故障后，再按原负荷选用适宜的保险丝进行更换，不得随意用其他金属线代替。

⑤ 电炉、硅碳棒箱或炉的棒端，均应设安全罩。应加接地线的设备，要妥善接地，以防止发生触电事故。

⑥ 注意保持电线和电气设备的干燥，防止线路和设备受潮漏电。

⑦ 实验室内不应有裸露的电线头；电源开关箱内，不准堆放物品，以免触电或燃烧。

⑧ 要警惕实验室内产生电火花或静电，尤其在使用可能构成爆炸混合物的可燃性气体时，更需注意。如遇电线走火，切勿用水或导电的酸碱泡沫灭火器灭火，应切断电源，用沙或二氧化碳灭火器灭火。

⑨ 没有掌握电气安全操作的人员不得擅自变动电气设施，不得随意拆修电气设备。

⑩ 使用高压电力时，应遵守安全规定，穿戴好绝缘胶鞋、手套，或用安全杆操作。

⑪ 做实验时先接好线路，再插上电源，实验结束时必须先切断电源，再拆线路。

⑫ 有人触电时，应立即切断电源或用绝缘物体将电线与人体分离后，再实施抢救。

1.2 高压气瓶使用安全

（1）高压气瓶的搬运、存放和充装注意事项

① 搬动存放气瓶时，应装上防震垫圈，旋紧安全帽，以保护开关阀，防止其意外转动和减少碰撞。

② 搬运充装有气体的气瓶时，最好用特制的担架或小推车，也可以用手平抬或垂直转动，但绝不允许用手执开关阀移动。

③ 装有气体的气瓶装车运输时，应妥善加以固定，避免途中滚动碰撞；装卸车时应轻抬轻放，禁止采用抛丢、下滑或其他易引起碰击的方法。

④ 充装有互相接触后可引起燃烧、爆炸气体的气瓶（如氢气瓶和氧气瓶），不能同车搬运或同存一处，也不能与其他易燃易爆物品混合存放。

⑤ 气瓶瓶体有缺陷、安全附件不全或已损坏，不能保证安全使用的，切不可再送去充装气体，应送交有关单位检查合格后方可使用。

（2）一般高压气瓶使用原则

① 高压气瓶必须分类、分处保管，直立放置时要固定稳妥；气瓶要远离热源，避免暴晒和强烈震动；一般实验室内存放气瓶量不得超过两瓶。

a. 在钢瓶肩部，用钢印打出下述标记：制造厂、制造日期、气瓶型号、工作压力、气压试验压力、气压试验日期及下次送验日期、气体容积、气瓶重量。

b. 为了避免各种钢瓶使用时发生混淆，常在钢瓶上漆上不同颜色，写明瓶内气体名称。各种气体钢瓶标志见表 1-1。

表 1-1　各种气体钢瓶标志

气体类别	瓶身颜色	字样	标字颜色	腰带颜色
氮气	黑	氮	黄	棕
氧气	天蓝	氧	黑	—
氢气	深绿	氢	红	红
压缩空气	黑	压缩空气	白	—
氨	黄	氨	黑	—
二氧化碳	黑	二氧化碳	黄	黄
氦气	棕	氦	白	—
氯气	草绿	氯	白	—
石油气体	灰	石油气体	红	—

② 高压气瓶上选用的减压器要分类专用，安装时螺扣要旋紧，防止泄漏；开、关减压器和气瓶阀门时，动作必须缓慢；使用时应先旋动气瓶阀门，后开减压器；用完，先关闭气瓶阀门，放尽余气后，再关减压器。切不可只关减压器，不关气瓶阀门。

③ 使用高压气瓶时，操作人员应站在与气瓶接口处垂直的位置上。操作时严禁敲打撞击，并应经常检查有无漏气，注意压力表读数。

④ 氧气瓶或氢气瓶等应配备专用工具，并严禁与油类接触。操作人员不能穿戴沾有各种油脂或易感应产生静电的服装、手套操作，以免引起燃烧或爆炸。

⑤ 可燃性气体和助燃气体气瓶，与明火的距离应大于 10m（确难达到时，可采取隔离等措施）。

⑥ 用后的气瓶，应按规定留 0.05MPa 以上的残余压力。可燃性气体应剩余 0.2～0.3MPa，H_2 应保留 2MPa，以防重新充气时发生危险，不可用尽。

⑦ 各种气瓶必须定期进行技术检查。充装一般气体的气瓶每三年检验一次；如在使用中发现有严重腐蚀或严重损伤的，应提前进行检验。

（3）几种特殊气体的性质和安全

① 乙炔。乙炔是极易燃烧、容易爆炸的气体。空气中爆炸极限很宽，为 2.5%～80%

(体积分数)；含有 7%～13%乙炔的乙炔-空气混合气，或含有 30%乙炔的乙炔-氧气混合气最易发生爆炸。乙炔和氯、次氯酸盐等化合物也会发生燃烧和爆炸。乙炔在使用、储运中要避免与铜接触。

存放乙炔气瓶的地方，要求通风良好。新购乙炔气瓶要静放 24h，使用时应装上回闪阻止器，还要注意防止气体回缩。如发现乙炔气瓶有发热现象，说明乙炔已发生分解，应立即关闭气阀，并用水冷却瓶体，同时将气瓶移至远离人员的安全处加以妥善处理。发生乙炔燃烧时，禁止用四氯化碳灭火。

② 氢气。氢气密度小，易泄漏，扩散速度很快，易和其他气体混合。氢气与空气混合气的爆炸极限：空气含量为 18.3%～59.0%。此时，极易引起自燃自爆，燃烧速度约为 2.7m/s。

氢气应单独存放，最好放置在室外专用的气瓶室内，以确保安全；应严禁烟火，关闭时应旋紧气瓶开关阀。

③ 氧气。氧气是强烈的助燃气体，高温下，纯氧十分活泼；温度不变而压力增加时，可以和油类发生急剧的化学反应，并引起发热自燃，进而产生强烈爆炸。

氧气瓶一定要防止与油类接触，并要绝对避免让其他可燃性气体混入氧气瓶；禁止用盛其他可燃性气体的气瓶来充灌氧气。氧气瓶禁止放于阳光暴晒的地方。

④ 氧化亚氮（笑气）。氧化亚氮具有麻醉兴奋作用，受热时可分解为氧气和氮气的混合物，如遇可燃性气体即可与此混合物中的氧气燃烧。

1.3 传动设备使用安全

① 传动设备外露转动部分必须安装防护罩，必要时应挂“危险”等类警告牌。

② 启动前应检查一切保护装置和安全附件，应使其处于完好状态，否则不能启动。

③ 所接压力容器应定期检查校验压力计，并经常检查压力容器接头处及送气管道。

④ 必须熟悉运转设备的操作后，方能开车。

⑤ 运转中出现异常现象或声音，须及时停车检查，一切正常后方能重新开车。

⑥ 定期检修、拧紧连接螺钉等；检修必须停车，切断电源；平时应经常检查运转部件，检查所用润滑油是否符合标准。

1.4 易燃气体使用安全

① 经常检查易燃气体管道、接头、开关及器具是否有泄漏，最好在室内设置检测、报警装置。

② 使用易燃气或有易燃气管道、器具的实验室，应开窗保持通风。

③ 发现实验室里有可燃气泄漏时，应立即停止使用，撤离人员并迅速打开门窗，检查泄漏处并及时修理。未完全排除危险前，不准点火，也不得接通电源。特别是煤气，具有双重危险，不仅能与空气形成燃爆性混合物，还可致人中毒甚至死亡。

④ 检查易燃气泄漏处时，应先开窗、通风，使室内换入新鲜空气后进行，可用肥皂水或洗涤剂涂于接头处或可疑处，也可用气敏测漏仪等设备进行检查，严禁用火试漏。

⑤ 由于易燃气管道或开关装配不严，引起着火时，应立即关闭通向漏气处的开关或阀

门，切断气源，然后用湿布或石棉纸覆盖以扑灭火焰。

⑥ 人员离开使用易燃气的实验室前，应注意检查使用过的易燃气器具是否完全关闭或熄灭，以防内燃。室内无人时，禁止使用易燃气器具。

⑦ 使用煤气时，必须先关闭空气阀门，点火后，再开空气阀，并调节到适当流量。停止使用时，先关空气阀，后关煤气阀。

⑧ 临时出现停止易燃气供应时，一定要随即关闭一切器具上的开关、分阀或总阀，特别是煤气，以防恢复供气时，室内充满易燃气，发生严重危险。

⑨ 在易燃气器具附近，严禁放置易燃易爆物品。

1.5 有毒物品及化学药剂使用安全

① 一切有毒物品及化学药剂，要严格按类存放保管、发放、使用，并妥善处理剩余物品和残毒物品。

② 在实验中尽量采用无毒或低毒物质来代替毒物，或采用较好的实验方案、设施、工艺来减少或避免有毒物质在实验过程中扩散。

③ 实验室应装通风橱，在使用大量易挥发毒物的实验室，应装设排风扇等强化通风设备，必要时也可用真空泵、水泵连接在发生器上，构成封闭实验系统，减少毒物在室内逸出。

④ 注意保持个人卫生和遵守个人防护规程，绝对禁止在使用毒物或有可能被毒物污染的实验室内饮食、吸烟或在有可能被污染的容器内存放食物。在不能保证无毒的环境下工作时应穿戴好防护衣物；实验完毕及时洗手，条件允许应洗澡；生活衣物与工作衣物不应在一起存放；工作时间内，须经仔细洗手、漱口（必要时用消毒液）后，才能在指定的房间饮食。

⑤ 在实验室无通风橱或通风不良、实验过程又有大量有毒物质逸出时，实验人员应按规定分类使用防毒口罩或防毒面具，不得掉以轻心。

⑥ 定期进行体格检查，认真执行劳动保护条例。

1.6 放射性物质安全防护

（1）基本原则

①避免放射性物质进入体内和污染身体；②减少人体接受来自外部辐射的剂量；③尽量减少甚至杜绝放射性物质扩散造成危害；④放射性废物要储存在专用污物桶中，定期按规定处理。

（2）对来自体外辐射的防护

① 在实验中尽量减少放射性物质的用量；选择放射性同位素时，应在满足实验要求的情况下，尽量选取危险性小的。

② 实验时力求迅速，操作力求简便熟练。实验前最好预做模拟或空白实验。有条件时，可以几个人共同分担一定任务。不要在有放射性物质（特别是产生β、γ射线的物质）的附近做不必要的停留，尽量减少被辐射的时间。

③ 人体所受的辐射剂量大小与人和放射性物质之间的距离的平方成反比。因此，在操

作时可利用各种夹具，增大接触距离，减少被辐射量。

④ 创造条件设置隔离屏障。一般密度较大的金属材料（如铅、铁等）对γ射线的遮挡性能较好，密度较小的材料（如石蜡、硼砂等）对中子的遮挡性能较好；β射线、X射线较容易遮挡，一般可用铅玻璃遮挡。隔离屏蔽可以是全隔离，也可以是部分隔离，可以做成固定的，也可做成活动的，依各自的需要选择设置。

(3) 预防放射性物质进入体内

① 防止由消化系统进入体内。工作时必须戴防护手套、口罩，实验中绝对禁止用口吸取溶液或口腔接触任何物品；工作完毕立即洗手漱口；禁止在实验室吃、喝、吸烟。

② 防止由呼吸系统进入体内。实验室应有良好的通风条件，实验中煮沸、烘干、蒸发等均应在通风橱中进行，处理粉末物应在防护箱中进行，必要时还应戴过滤型呼吸器。实验室应用吸尘器或拖把经常清扫，以保持高度清洁。遇有污染物应慎重妥善处理。

③ 防止通过皮肤进入体内。实验中应小心仔细，不要让仪器物品，特别是沾有放射性物质的部分割破皮肤。操作时应戴手套，遇有小伤口时，一定要妥善包扎好，戴好手套再工作，伤口较大时，应停止工作。不要用有机溶液洗手或涂敷皮肤，以防增加放射性物质进入皮肤的渗透性。

1.7 爆炸性物质使用安全

① 在涉及爆炸性物质的实验中，应使用可以预防爆炸或减少其危害后果的仪器和设备，如器壁坚固的容器、压力调节阀或安全阀、安全罩（套）等。操作时，切忌以脸面正对危险体，必要时应戴上防爆面具。

② 实验前尽可能弄清楚各种物质的物理、化学性质及混合物的成分、纯度，设备的材料结构，实验的温度、压力等条件；实验中要远离其他发热体和明火、火花等。

③ 将气体充装入预先加热的仪器内时，应先用氮气或二氧化碳排除原来的气体，以防意外。

④ 由多个部件组成的仪器中有可能形成爆炸混合物时，应在连接处加装保险器。

⑤ 任何情况下，对于危险物质都必须取用能保证实验结果的必要精确性或可靠性的最小用量进行实验，且绝对禁止用火直接加热。

⑥ 实验中创造条件克服光、压力、器皿材料、表面活性等因素的影响。

⑦ 在有爆炸性物质的实验中，不要用带磨口塞的磨口仪器。干燥爆炸性物质时，绝对禁止关闭烘箱门，有条件时，最好在惰性气体保护下进行干燥或用真空干燥、干燥剂干燥。加热干燥时应特别注意加热的均匀性和消除局部自燃的可能性。

⑧ 严格分类保管好爆炸性物质，实验剩余的残渣物要及时妥善销毁。

1.8 腐蚀性物品使用安全

① 腐蚀性物品应避开易腐蚀物品存放，注意其容器的密封性，并保持室内通风良好。酸性和碱性物质不能混放，应分类隔离贮存。

② 产生腐蚀性挥发气体的实验，实验室要有良好的局部通风或全室通风，并要远离有大型精密贵重仪器设备的实验室。实验室设置时，应尽可能将使用腐蚀性物品的实验室设到

高层，以使腐蚀性挥发气向上扩散。

③ 装有腐蚀性物品的容器，必须用耐腐蚀的材料制作。使用腐蚀性物品时，要仔细小心，严格遵守操作规程在通风橱内进行。使用完毕，应立即盖好容器，谨防腐蚀剂溅出灼伤皮肤，损坏仪器设备和衣物等。

④ 酸、碱废液应经过处理后排放，不能直接倒入下水道。腐蚀性气体、液体流经的管道、阀门应经常检查，定期维修更换。

⑤ 搬运、使用腐蚀性物品要穿戴好个人防护用品，若不慎将酸或碱溅在皮肤或衣服上，可用大量水冲洗；如溅到眼睛里，应立即用水冲洗后就医，以免损伤视力。

1.9 微生物实验安全

① 针对实验室产生的细菌、真菌等不同菌种，定期进行消毒灭菌，以保持工作环境的洁净，消除细菌繁衍生长的条件。消毒可采用紫外灯照射、辐射灭菌、药液高温熏蒸及喷洒消毒药液等办法。

② 操作时必须十分谨慎，减少细菌向容器外扩散的可能。细菌室内的废弃物应及时妥善处理，不能随意丢弃。

③ 操作时工作人员必须穿戴好工作服、手套、口罩等防护用品，避免皮肤直接接触细菌及其培养基、培养液等。操作完毕应及时用肥皂或消毒液等洗手，用过的防护用品应及时清洗消毒。

④ 严禁在有细菌繁殖的场所休息、饮食、吸烟。

1.10 实验室防火安全

① 以预防为主，杜绝火灾隐患。了解有关易燃易爆物品知识及消防知识，遵守各项防火规则。

② 在实验室内、过道等处，须经常备有适宜的灭火材料，如消防沙、石棉布、毯子及各类灭火器等。消防沙要保持干燥。

③ 电线及电气设备起火时，必须先切断总电源开关，再用四氯化碳灭火器灭火，并及时通知供电部门。不许用水或泡沫灭火器来扑灭燃烧的电线、电器。

④ 人员衣服着火时，立即用毯子之类物品蒙盖在着火者身上灭火，必要时也可用水扑灭。但不宜慌张跑动，避免使气流流向燃烧的衣服，再使火焰增大。

⑤ 加热试样或实验过程中小范围起火时，应立即用湿石棉布或湿抹布扑灭明火，拔电源插头，关闭总电闸或煤气阀。易燃液体（多为有机物）着火时，切不可用水去浇。范围较大的火情，应立即用消防沙、泡沫灭火器或干粉灭火器来扑灭。精密仪器起火，应用四氯化碳灭火器。

1.11 实验室中“三废”处理常识

实验中不可避免产生的某些有毒气体、液体和固体，都需要及时处理后排弃，特别是某些剧毒物质，如果直接排出可能污染周围空气和水源，损害人体健康。因此，废液和废气、废渣必须经过一定的处理，才能排弃。

对于产生少量有毒气体的实验，可在通风橱内进行，通过排风设备将少量有毒气体排到室外，以免污染室内空气。对于产生毒气量较大的实验，必须备有吸收或处理装置。如二氧化氮、二氧化硫、氯气、硫化氢、氟化氢等可用碱溶液吸收，一氧化碳可直接点燃使其转化为二氧化碳。

下面主要介绍常见废液处理的一些方法。

① 实验中产生的废液量较大的是废酸液，可先用耐酸塑料网纱或玻璃纤维过滤，滤液用石灰或碱中和，调 pH 值至 6～9 后就可排出。

② 实验中含铬量较大的是废弃的铬酸洗液，可用高锰酸钾氧化法使其再生，继续使用。方法：先在 110～130℃下不断搅拌加热浓缩，除去水分后，冷却至室温，缓缓加入高锰酸钾粉末，每 1000mL 中加入 10g 左右，直至溶液呈深褐色或微紫色（注意不要加过量），边加边搅拌，然后直接加热至有三氧化铬出现，停止加热；稍冷，通过玻璃砂芯漏斗过滤，除去沉淀，冷却后析出红色三氧化铬沉淀，再加适量硫酸使其溶解即可使用。少量的洗液可加入废碱液或石灰使其生成氢氧化铬沉淀，废渣按照规定储存，交有资质单位处置。

③ 氰化物是剧毒物质，含氰废液必须认真处理。少量的含氰废液可先加氢氧化钠将 pH 值调至大于 10，再加入少量高锰酸钾使 CN^- 氧化分解。量大的含氰废液可用碱性氯化法处理，方法：先用碱将 pH 值调至大于 10，再加入漂白粉，使 CN^- 氧化成氰酸盐，并进一步分解为二氧化碳和氮气。

④ 含汞盐废液应将 pH 值调至 8～10 后，加适当过量的硫化钠，生成硫化汞沉淀，同时加入硫酸亚铁生成硫化亚铁沉淀，从而吸附硫化汞沉淀下来。静置后分离，再离心过滤，清液中的含汞量达到排放标准，可直接排放。残渣按照规定储存，并交有资质单位进行处置。

⑤ 含重金属离子的废液，最有效和最经济的处理方法是加碱或加硫化钠把重金属离子变成难溶性的氢氧化物或硫化物沉淀下来，过滤分离，残渣送有资质单位处置。

⑥ 实验室不能处理或利用的废液和废渣应按照规定进行储存，并交有资质单位处置。

1.12 一般急救规则

（1）烧伤的急救

① 普通轻度烧伤，可擦清凉乳剂于创伤处，并包扎好；略重的烧伤可视烧伤情况立即送医院处理；遇有休克的伤员应立即通知医院前来抢救。

② 化学烧伤时，应迅速解脱衣服，首先清除残存在皮肤上的化学药品，视情况用水多次冲洗，同时视烧伤情况送医院救治或通知医院前来救治。若为酸液灼伤，先用大量水冲洗，再用饱和碳酸氢钠溶液洗；若为碱液灼伤，则用质量分数为 1%的醋酸洗；最后都用水洗，再涂上药品凡士林。被溴液灼伤时，伤处立刻用石油醚冲洗，再用质量分数为 2%的硫代硫酸钠溶液洗，然后用蘸有油的棉花擦，再敷以油膏。

③ 酸液或碱液溅入眼中应立即用大量水冲洗。若为酸液，再用质量分数为 1%的碳酸氢钠溶液冲洗；若为碱液，则再用质量分数为 1%的硼酸溶液冲洗；最后用水洗。重伤者经初步处理后，立即送医院。溴液溅入眼中应按酸液溅入眼中事故做急救处理后，立即送医院。

（2）创伤的急救

小的创伤可用消毒镊子或消毒纱布把伤口清洗干净，并用 3.5%的碘酒涂在伤口周围，包起来。若出血较多时，可用压迫法止血，同时处理好伤口，扑上止血消炎粉等，较紧包扎起来即可。

较大的创伤或者动脉、静脉出血，甚至骨折时，应立即用急救绷带在伤口出血部上方扎紧止血，用消毒纱布盖住伤口，立即送医务室或医院救治。止血时间长时，应注意每隔1～2h适当放松一次，以免肢体缺血坏死。

（3）中毒的急救

对中毒者的急救主要在于把患者送往医院，或医生到达之前尽快将患者从中毒物质区域中移出，并尽量弄清致毒物质，以便协助医生排出中毒者体内毒物。如遇中毒者呼吸停止、心脏停跳时，应立即施行人工呼吸、心脏按压，直至医生到达或将中毒者送到医院。

（4）触电的急救

有人触电时应立即切断电源或设法使触电人脱离电源，患者呼吸停止或心脏停跳时应立即施行人工呼吸或心脏按压。特别注意，在出现假死现象时，千万不能放弃抢救，应尽快送往医院救治。

2 实验设计与数据处理

2.1 实验设计

2.1.1 单因素实验设计

单因素实验是指影响实验指标的因素只有一个的实验。虽然大多数情况下，实验过程会有多个影响因素，但在实验设计时可只考虑一个对指标影响最大的因素，其余因素固定在最优水平，这种情况也归类于单因素实验设计。在科学研究和实验设计中，为了达到优质、高产、低耗的目的，需要进行优化实验，这也是生产和实验中常遇到的优选问题。利用数学原理进行合理实验设计，减少实验次数，从而迅速找到最佳点的一类科学方法被称为优选法。单因素优选法的实验设计包括均分法、对分法、黄金分割法等。

(1) 均分法

均分法是在实验因素水平范围内，均匀地安排实验点，在每个实验点上进行实验并相互比较以求得最优点的方法。在对目标函数没有全面掌握的场合下，均分法可以作为了解目标函数的前期工作，同时可以确定有效的实验范围。使用均分法时，因素 x 的取值（实验点）均匀分布在整个实验区间，假设实验区间为 $[a,b]$，总共计划进行 n 次实验，则实验点可按式（2-1）计算：

$$x_i=a+\frac{b-a}{n+1}i \tag{2-1}$$

均分法的优点是得到的实验结果可靠、合理，适用于各种实验目的；缺点是实验次数较多、工作量较大、不经济。

(2) 对分法

对分法也称为等分法、平分法，是一种简单方便、应用广泛的方法。该方法按照如下步骤确定实验范围：首先在实验范围 $[a,b]$ 的中点 $x_1=(a+b)/2$ 上进行实验，然后根据实验结果判断后续实验范围，并在新范围的中点进行实验。例如，若结果表明 x_1 值偏大，则去掉实验范围的后半部分 $[x_1,b]$，第二次实验范围为 $[a,x_1]$，第二次实验点在其中点 $x_2=(a+x_1)/2$ 上。重复以上过程，每次实验就可以把查找的目标范围减小一半，通过 n 次实验就可以把目标范围锁定在长度为 $(b-a)/2^n$ 的范围内。例如，通过 7 次实验就可以将目标范围缩小到实验范围的 1%之内，10 次实验就可以将目标范围缩小到实验范围的 0.1%之内。对分法的优点是每次实验可以将实验范围缩小 50%，取点方便，实验次数少。缺点是适用范围较窄，需要根据上一次实验结果得到下一次实验范围。

(3) 黄金分割法

黄金分割法也称为 0.618 法，适用于实验范围内指标或目标函数是单峰函数的情况，即在实验范围内只有一个最优点，且距最优点越远的实验结果越差。具体方法是每次在实验范围内选取两个对称点做实验，这两个点分别记为 x_1 和 x_2，其位置直接决定实验的效率。这两个点分别位于实验范围［a,b］的 0.382 和 0.618 的位置时，选取方法最优，则根据式（2-2）计算 x_1 和 x_2 的值。

$$\begin{aligned} x_1 &= a + 0.382(b-a) \\ x_2 &= a + 0.618(b-a) \end{aligned} \tag{2-2}$$

在 x_1 和 x_2 下进行实验获得的结果为 y_1 和 y_2，若 y_1 优于 y_2，则 x_1 是好点，划去实验范围［x_2,b］，则新的实验范围确定为［a,x_2］，在新范围内再进行黄金分割，选取两个对称点 x_3 和 x_4，根据式（2-3）计算 x_3 和 x_4 的值。

$$\begin{aligned} x_3 &= a + 0.382(x_2-a) \\ x_4 &= a + 0.618(x_2-a) \end{aligned} \tag{2-3}$$

重复以上步骤，直到找到满意的、符合要求的实验结果和最佳点。

如果 y_2 优于 y_1，则 x_2 是好点，划去实验范围［a,x_1］，新的实验范围确定为［x_1,b］；如果 y_1 和 y_2 效果相同，则划去两端，新的实验范围确定为［x_1,x_2］，以同样的方法继续分割，找到最佳点。

采用黄金分割法进行实验设计，第一步需要做两个实验，以后每步只需要再做一个实验，每步实验划去实验范围的 0.382 倍，保留 0.618 倍。

2.1.2 多因素优化实验设计

在生产过程和科学实验研究中，存在很多影响实验指标结果的因素，需要根据专业知识做筛选实验，从众多的影响因素中获得主要的影响因素进行实验，这涉及多因素优化实验设计。

多因素优化实验设计通常采用因素轮换法。因素轮换法也称为单因素轮换法，步骤为：每次实验中保持其他因素水平固定，只变化一个因素水平，通过实验逐一地搞清楚每个因素对实验指标的影响规律，确定每个因素的最优水平，从而获得全部因素的最优实验方案。

因素轮换法的缺点是只适合因素间没有交互作用的情况。当因素间存在交互作用时，该方法不能反映因素间交互作用的效果，且实验结果受起始点影响，获得的实验数据难以作深入的统计分析，因此是一种低效的实验设计方法。

但因素轮换法简单，并且具有以下优点，因而仍然被实验人员广泛使用。

①因素轮换法的总实验次数最多是各因素水平数之和。例如 5 个 3 水平的因素，采用因素轮换法进行实验，实验次数最多是 15 次，而全面实验的次数是 $3^5=243$ 次。

② 当实验指标不能量化时也可以采用因素轮换法。例如比较饮料的口感，在每两次相邻实验的饮料中选出一种更可口的即可。

③因素轮换法属于爬山实验法，每个因素最优水平的确定都会使实验指标提高一步，离最优实验目标（山顶）更接近一步。

④因素水平数可以不同。假设有 A、B、C 三个因素，水平数分别为 3、3、4，选择 A、B 两因素的水平 2 为起点，图 2-1 为因素轮换法示意图。首先将 A、B 两因素固定在水平 2，即 A_2B_2，分别与 C 因素的 4 个水平搭配做实验，如果 C 因素取水平 2，即 C_2 时实验效果最好，则把 C 因素固定在水平 2，即 C_2，如图 2-1(a) 所示。

接下来再把 A、C 两因素分别固定在水平 2，即 A_2C_2，分别与 B 因素的 3 个水平搭配做实验（其中 B 因素的水平 2，即 B_2 实验已经做过，可以省略）；如果 B 因素取水平 3，

即 B_3 时实验效果最好，就把 B 因素固定在水平 3，即 B_3，如图 2-1(b) 所示。

最后再把 B、C 两因素分别固定在水平 3 和水平 2，即 B_3C_2，分别与 A 因素的 3 个水平搭配做实验（其中 A 因素的水平 2，即 A_2 实验已经做过），如果 A 因素取水平 1，即 A_1 时实验效果最好，则得到最优实验条件是 $A_1B_3C_2$，如图 2-1(c) 所示。

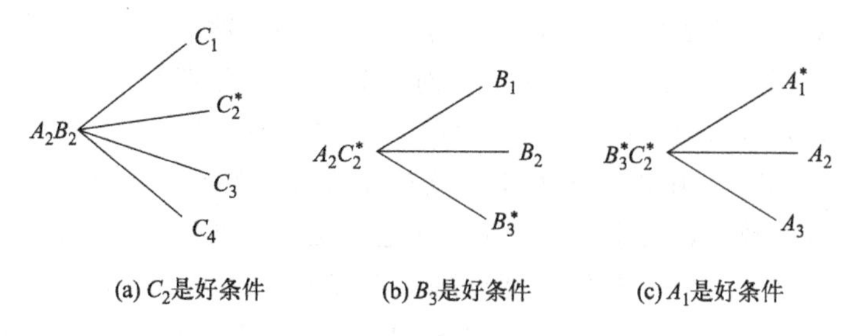

图 2-1 因素轮换法示意图

2.1.3 正交实验设计

正交实验设计是用于多因素实验的优化实验设计方法，应用一套已规格化的表格——正交表来安排实验工作，其作用是通过较少的实验次数，选出因素水平间的最优搭配，从而得到最佳的实验条件。这里，需要了解指标、因素和水平的概念。指标是指实验中在受试条件下得到的效果，因素是实验中要研究的条件，水平是指实验条件在实验范围内的取值或选取的实验点。

(1) 正交表与正交实验设计

① 正交表。正交表是通过 $L_n(m^k)$ 表达的，表示表格中有 n 行 k 列，最多可以安排 k 个因素 m 个水平的实验，按照正交表需要做 n 次实验。

以 $L_9(3^4)$ 正交表为例，如表 2-1 所示，表主体部分有 9 行 4 列，由 1、2、3 这 3 个数字构成，表示因素的水平。用这张表最多可安排 4 个因素（A、B、C、D），每个因素取 3 个水平，需要做 9 次实验。

表 2-1 $L_9(3^4)$ 正交表

实验号	列号			
	A	B	C	D
1	1	1	1	1
2	1	2	2	2
3	1	3	3	3
4	2	1	2	3
5	2	2	3	1
6	2	3	1	2
7	3	1	3	2
8	3	2	1	3
9	3	3	2	1

采用正交表安排实验只需把实验的因素安排到正交表的列，允许有空白列，把因素水平安排到正交表的行即可。

正交表的列之间具有正交性，正交性可以保证每两个因素的水平在统计学上是不相关的。正交性具体表现在两个方面，分别为：

均匀分散性。在正交表的每一列中，不同数字出现的次数相等。例如 $L_9(3^4)$ 正交表中，数字 1、2、3 在每列中各出现 3 次。

整齐可比性。对于正交表的任意两列，将同一行的两个数字看作有序数对，每种数对出现的次数是相等的，例如 $L_9(3^4)$ 表，有序数对共有 9 个，分别为（1,1）、（1,2）、（1,3）、（2,1）、（2,2）、（2,3）、（3,1）、（3,2）、（3,3），它们各出现一次。

② 用正交表安排实验。用正交表安排实验首先看因素的水平，选取与因素水平相同的正交表，然后看因素的数目，因素的个数不能超过正交表的列数，允许有空白列。

例如，采用芬顿（Fenton）氧化深度处理某制浆厂中段废水，水质指标如下：pH 为 7.0，COD_{Cr}（铬法化学需氧量）浓度为 200mg/L 左右，以 COD_{Cr} 去除率作为处理效率的指标（越高越好），现希望通过实验设计，找出更好的处理废水的实验方案，提高处理效率。

本例中的实验指标是 COD_{Cr} 去除率。根据专业技术人员的分析，影响 COD_{Cr} 去除率的 3 个主要因素是 pH、H_2O_2（双氧水）加入量、H_2O_2 与 $FeSO_4$（硫酸亚铁）质量比。每个因素分别取 3 个水平进行实验，得到因素与水平表，见表 2-2。

表 2-2 因素与水平表

水平	因素		
	A pH	B H_2O_2 加入量/(mg/L)	C H_2O_2 与 $FeSO_4$ 质量比
1	$A_1=3$	$B_1=150$	$C_1=1$
2	$A_2=4$	$B_2=200$	$C_2=2$
3	$A_3=5$	$B_3=250$	$C_3=3$

对于以上 3 个因素 3 个水平的实验，如果进行全面实验，需做 $3^3=27$ 次实验。现希望能用少量的实验找出最优生产方案，采用 $L_9(3^4)$ 正交表安排实验，见表 2-3。

表 2-3 $L_9(3^4)$ 正交表安排实验

实验号	1	2	3	4
	A	B	C	空白列
	pH	H_2O_2 加入量	H_2O_2 与 $FeSO_4$ 质量比	
1	1(3)	1(150mg/L)	1(1)	1
2	1	2(200mg/L)	2(2)	2
3	1	3(250mg/L)	3(3)	3
4	2(4)	1	2	3
5	2	2	3	1
6	2	3	1	2
7	3(5)	1	3	2
8	3	2	1	3
9	3	3	2	1

在以上例子中，每个因素都是3个水平，所以选择3水平的正交表。实验因素只有3个，而$L_9(3^4)$正交表有4列，可以安排下这个实验。

（2）实验结果分析

直观分析法是正交实验结果的常用分析方法，表2-4为前面例子的实验结果直观分析表。从表2-4中的9次实验结果看出，第5号实验$A_2B_2C_3$的COD_{Cr}去除率最高，为88.7%。但第5号实验方案不一定是最优方案，还应该通过进一步的分析寻找出可能的更好方案。

表2-4 实验结果直观分析表

实验号	因素			
	A pH	B H_2O_2 加入量	C H_2O_2 与 $FeSO_4$ 质量比	实验结果 y COD_{Cr} 去除率/%
1	1(3)	1(150mg/L)	1(1)	65.1
2	1	2(200mg/L)	2(2)	85.8
3	1	3(250mg/L)	3(3)	78.9
4	2(4)	1	2	72.9
5	2	2	3	88.7
6	2	3	1	82.1
7	3(5)	1	3	64.7
8	3	2	1	71.9
9	3	3	2	66.0
K_1/%	229.8	202.7	219.1	—
K_2/%	243.7	246.4	224.7	—
K_3/%	202.6	227.0	232.3	—
k_1/%	76.6	67.6	73.0	—
k_2/%	81.2	82.1	74.9	—
k_3/%	67.5	75.7	77.4	—
R/%	13.7	14.5	4.4	—

表中K_i（i=1、2、3）为正交表中各因素第i个水平对应的实验结果之和。$k_i=K_i/$各因素中第i水平重复次数。$R_i=\max(k_i)-\min(k_i)$。

例如，表2-4中K_1行A因素列的数据229.8是A因素3个水平1实验值的和，而A因素3个水平1分别在第1、2、3号实验，得：

$$K_{1A}=y_1+y_2+y_3=65.1+85.8+78.9=229.8$$

在上述计算中，B因素的3个水平各参加了一次计算，C因素的3个水平也各参加了一次计算。

其他K值数据计算方式与上述方式类似，例如K_2行C因素的求和数据224.7是C因素3个水平2实验值的和，而C因素3个水平2分别在第2、4、9号实验，得：

$$K_{2C}=y_2+y_4+y_9=85.8+72.9+66.0=224.7$$

同样，在上述计算中A因素的3个水平各参加了一次计算，B因素的3个水平也各参加了一次计算。

k_1、k_2、k_3 三行数据是由 K_1、K_2 和 K_3 这三行的值分别除以 3 得到的，表示各因素在每一水平下的平均 COD_{Cr} 去除率。例如，k_2 行 B 因素的数据 82.1，表示 H_2O_2 加入量为 200mg/L 时的平均 COD_{Cr} 去除率为 82.1%。可以从理论上计算出最优方案为 $A_2B_2C_3$，即各因素平均 COD_{Cr} 去除率最高的水平组合方案。

表 2-4 中的最后一行 R 是极差，为 k_1、k_2、k_3 各列数据的极差，即最大数减去最小数，例如 A 因素的极差 $R_A=81.2-67.5=13.7$。分析极差，可确定各因素的重要程度。从表 2-4 中看到，B 因素的极差 $R_B=14.5$ 最大，表明 B 因素对 COD_{Cr} 去除率的影响程度最大。C 因素的极差 $R_C=4.4$ 最小，表明 C 因素对 COD_{Cr} 去除率影响程度不大。A 因素的极差 $R_A=13.7$，接近 R_B，说明 A 因素对 COD_{Cr} 去除率也有较大的影响。

进一步可以画出 A、B、C 三个因素对 COD_{Cr} 去除率影响的因素水平趋势图，见图 2-2。从图 2-2 中看出，pH、H_2O_2 加入量和 H_2O_2 与 $FeSO_4$ 质量比均应适中，pH=4、H_2O_2 加入量为 200mg/L、H_2O_2 与 $FeSO_4$ 质量比为 3 时最好。

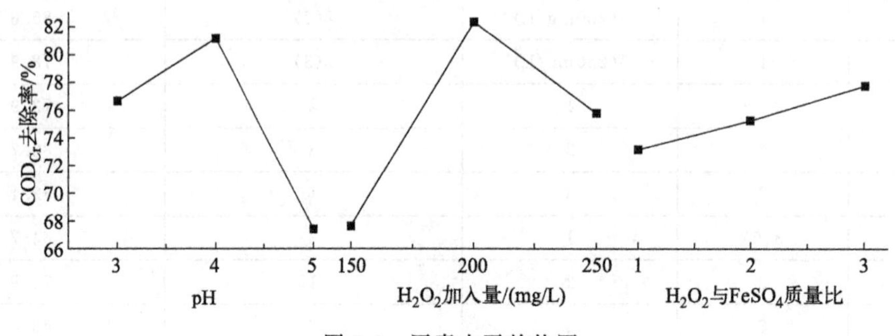

图 2-2　因素水平趋势图

以上分析表明，当 H_2O_2 与 $FeSO_4$ 质量比为 3 时，可以得到较好的处理效果，但是 H_2O_2 与 $FeSO_4$ 质量比对 COD_{Cr} 去除率影响不大，考虑处理成本的情况下，选 $C_2=2$ 或 1 可能会更好。因此通过理论分析，最优方案可选 $A_2B_2C_3$ 或 $A_2B_2C_2$ 或 $A_2B_2C_1$。需要注意的是，最优搭配 $A_2B_2C_3$、$A_2B_2C_2$ 或 $A_2B_2C_1$ 只是理论上的最优方案，还需要进行验证实验。对这三个方案各做两次验证实验，实验所得 $A_2B_2C_3$ 的 COD_{Cr} 去除率分别为 87.9%、89.0%，$A_2B_2C_2$ 的 COD_{Cr} 去除率分别为 87.0%、87.8%，$A_2B_2C_1$ 的 COD_{Cr} 去除率分别为 81.7%、82.5%。$A_2B_2C_1$ 与 $A_2B_2C_3$ 和 $A_2B_2C_2$ 的处理效果相差较大，$A_2B_2C_3$ 和 $A_2B_2C_2$ 相差很小，从节约成本角度最优搭配为 $A_2B_2C_2$。

2.2 数据处理

2.2.1 实验数据的误差分析

(1) 误差的分类

根据误差的性质和产生的原因，可将误差分为系统误差、随机误差、过失误差三类。

① 系统误差。系统误差是由某些固定不变的因素引起的，这些因素影响的结果永远朝一个方向偏移，其大小及符号在同一组实验测量中完全相同。实验条件一经确定，系统误差就是一个客观上的恒定值，多次测量的平均值也不能减弱它的影响。误差随实验条件的改变按一定规律变化。

产生系统误差的原因有以下几方面：

a. 测量仪器方面的因素，如仪器设计上的缺点，刻度不准，仪表未进行校正或标准表本身存在偏差，安装不正确等；

b. 环境因素，如外界温度、湿度、压力等引起的误差；

c. 测量方法因素，如近似的测量方法或近似的计算公式等引起的误差；

d. 测量人员的习惯和偏向或动态测量时的滞后现象等，如读数偏高或偏低所引起的误差。

针对以上具体情况分别改进仪器和实验装置以及提高测试技能。

② 随机误差。它是由某些不易控制的因素造成的。在相同条件下做多次测量，其误差数值是不确定的，时大时小，时正时负，没有确定的规律，这类误差称为随机误差或偶然误差。这类误差产生原因不明，因而无法控制和补偿。若对某一量值进行足够多次的等精度测量，就会发现随机误差服从统计规律，误差的大小或正负的出现完全由概率决定。随着测量次数的增加，随机误差的算术平均值趋近于零，所以多次测量结果的算术平均值将更接近于真值。

③ 过失误差。过失误差是一种与实际事实明显不符的误差，误差值可能很大，且无一定的规律。它主要是实验人员粗心大意、操作不当造成的，如读错数据、操作失误等。在测量或实验时，只要认真负责就可以避免这类误差。存在过失误差的观测值在实验数据整理时应该剔除。

（2）实验数据的记数法和有效数字

① 实验测量中所使用的仪器仪表只能达到一定的精度，因此测量或运算的结果不可能也不应该超越仪器仪表所允许的精度范围。有效数字只能具有一位存疑值。

错误认识：小数点后面的数字越多就越准确，或者运算结果保留位数越多越准确。例如：用最小分度为 1cm 的标尺测量两点间的距离，得到 9140mm、914.0cm、9.140m、0.009140km，其精确度相同，但由于使用的测量单位不同，小数点的位置就不同。

② 有效数字的表示。应注意非零数字前面和后面的零。0.009140km 前面的三个零不是有效数字，它与所用的单位有关。非零数字后面的零是否为有效数字，取决于最后的零是否用于定位。例如：由于标尺的最小分度为 1cm，故其读数可以到 5mm（估计值），因此 9140mm 中的零是有效数字，该数值的有效数字是四位。

③ 科学记数法：用指数形式记数。如：9140mm 可记为 9.140×10^{3}mm，0.009140km 可记为 9.140×10^{-3}km。

④ 有效数字的运算规则。

a. 加、减法运算。有效数字进行加、减法运算时，有效数字的位数与各因子中有效数字位数最少的相同。

b. 乘、除法运算。两个量相乘（相除）的积（商），其有效数字位数与各因子中有效数字位数最少的相同。

c. 乘方、开方运算。乘方、开方后的有效数字的位数与其底数相同。

d. 对数运算。对数的有效数字的位数应与其真数相同。

2.2.2 实验数据处理方法

对实验数据进行记录、整理、计算、分析、拟合等，从中获得实验结果和寻找物理量变化规律或经验公式的过程就是数据处理。它是实验方法的一个重要组成部分，是实验课的基本训练内容。有关正交实验结果的处理方法在2.1中已经介绍，下面主要介绍列表法、作图法、图解法和最小二乘法。

2.2.2.1 列表法

列表法就是将一组实验数据和计算的中间数据依据一定的形式和顺序列成表格。列表法可以简单明确地表示出物理量之间的对应关系，便于分析和发现资料的规律性，也有助于检查和发现实验中的问题。设计记录表格时要做到：

① 表格设计要合理，以便于记录、检查、运算和分析。

② 表格中涉及的各物理量，其符号、单位及量值的数量级均要表示清楚。但不要把单位写在数字后。

③ 表中数据要正确反映测量结果的有效数字和不确定度。除原始数据外，计算过程中的一些中间结果和最后结果也可以列入表中。

④ 表格要加上必要的说明。实验室所给的数据或查得的单项数据应列在表格的上部，说明写在表格的下部。

2.2.2.2 作图法

作图法是在坐标纸上用图线表示物理量之间的关系，揭示物理量之间的联系。作图法具有简明、形象、直观、便于比较研究实验结果等优点，是一种最常用的数据处理方法。

作图法的基本规则：

① 根据函数关系选择适当的坐标纸（如直角坐标纸、单对数坐标纸、双对数坐标纸、极坐标纸等）和比例，画出坐标轴，标明物理量符号、单位和刻度值，并写明测试条件。

② 坐标的原点不一定是变量的零点，可根据测试范围加以选择。坐标分格最好使最低数字的一个单位可靠数与坐标最小分度相当。横纵坐标比例要恰当，以使图线居中。

③ 描点和连线。根据测量数据，用直尺和笔尖使其函数对应的实验点准确地落在相应的位置。一张图纸上画上几条实验曲线时，每条图线应用不同的标记（如“+”“×”“·”“△”等符号）标出，以免混淆。连线时，要顾及数据点，使曲线为光滑曲线（含直线），并使数据点均匀分布在曲线（直线）的两侧，且尽量贴近曲线。个别偏离过大的点要重新审核，属过失误差的应剔去。

④ 标明图名，即作好实验图线后，应在图纸下方或空白的明显位置处写上图的名称、作者和作图日期，有时还要附上简单的说明（如实验条件等），使读者一目了然。作图时，一般将纵轴代表的物理量写在前面，横轴代表的物理量写在后面，中间用“-”连接。

⑤ 最后将图纸贴在实验报告的适当位置，便于教师批阅实验报告。

基于上述作图规则，可以采用Origin或Excel等作图软件处理数据。

2.2.2.3 图解法

在实验中，实验图线作出以后，可以由图线求出经验公式。图解法就是根据实验数据作好的图线，用解析法找出相应的函数形式。实验中经常遇到的图线是直线、抛物线、双曲线、指数曲线、对数曲线。特别是当图线是直线时，采用此方法更为方便。

(1) 由实验图线建立经验公式的一般步骤

① 根据解析几何知识判断图线的类型；

② 由图线的类型判断公式的可能特点；

③ 利用半对数、对数或倒数坐标纸，把原曲线改为直线；

④ 确定常数，建立起经验公式的形式，并用实验数据来检验所得公式的准确程度。

(2) 用直线图解法求直线的方程

如果作出的实验图线是一条直线，则经验公式应为直线方程：$y=kx+b$。要建立此方程，必须由实验直接求出 k 和 b，一般用斜率截距法。

在图线上选取两点 P_1 (x_1,y_1) 和 P_2 (x_2,y_2)，注意不得用原始数据点，而应从图线上直接读取，其坐标值最好是整数值。所取的两点在实验范围内应尽量彼此分开一些，以减小误差。由解析几何知，上述直线方程中，k 为直线的斜率，b 为直线的截距。k 可以根据两点的坐标求出：$k=\dfrac{y_2-y_1}{x_2-x_1}$。截距 b 为 $x=0$ 时的 y 值；若原实验中所绘制的图线并未给出 $x=0$ 段直线，可将直线用虚线延长交 y 轴，则可量出截距；如果起点不为零，也可以由 $b=\dfrac{x_2y_1-x_1y_2}{x_2-x_1}$ 求出截距。求出斜率和截距的数值代入方程中就可以得到经验公式。

(3) 曲线改直与曲线方程的建立

在许多情况下，函数关系是非线性的，但可通过适当的坐标变换转化成线性关系，在作图法中用直线表示，这种方法叫作曲线改直。作这样的变换不仅是由于直线容易描绘，更重要的是直线的斜率和截距包含的物理内涵是我们所需要的。例如：

① $y=ax^b$，式中，a、b 为常量，可变换成 $\lg y=b\lg x+\lg a$，$\lg y$ 为 $\lg x$ 的线性函数，斜率为 b，截距为 $\lg a$。

② $y=ab^x$，式中，a、b 为常量，可变换成 $\lg y=(\lg b)x+\lg a$，$\lg y$ 为 x 的线性函数，斜率为 $\lg b$，截距为 $\lg a$。

③ $PV=C$，式中，C 为常量，可变换成 $P=C(1/V)$，P 是 $1/V$ 的线性函数，斜率为 C。

④ $y^2=2px$，式中，p 为常量，$y=\pm\sqrt{2p}\,x^{1/2}$，y 是 $x^{1/2}$ 的线性函数，斜率为 $\pm\sqrt{2p}$。

⑤ $y=x/(a+bx)$，式中，a、b 为常量，可变换成 $1/y=a(1/x)+b$，$1/y$ 为 $1/x$ 的线性函数，斜率为 a，截距为 b。

⑥ $s=v_0t+at^2/2$，式中，v_0、a 为常量，可变换成 $s/t=(a/2)t+v_0$，s/t 为 t 的线性函数，斜率为 $a/2$，截距为 v_0。

2.2.2.4 最小二乘法

作图法虽然在数据处理中是一种很便利的方法，但在图线绘制中往往会引入附加误差，尤其在根据图线确定常数时，这种误差有时很明显。为了克服这一缺点，在数理统计中研究了直线拟合问题（或称一元线性回归问题），常用一种以最小二乘法为基础的实验数据处理方法。由于某些曲线的函数可以通过数学变换改写为直线，例如对函数 $y=ae^{-bx}$ 取对数得 $\ln y=\ln a-bx$，$\ln y$ 与 x 的函数关系就变成直线型了，因此这一方法也适用于某些曲线型的规律。

下面就数据处理问题中的最小二乘法原则作简单介绍。

设某一实验中，可控制的物理量取 $x_1,x_2,\cdots,x_n$ 值时，对应的物理量依次取 $y_1,y_2,\cdots,y_n$ 值。假定对 x_i 值的观测误差很小，主要误差都出现在对 y_i 的观测上。显然如果从 (x_i,y_i) 中任取两组实验数据就可得出一条直线，只不过这条直线的误差有可能很大。

直线拟合的任务就是用数学分析的方法从这些观测到的数据中求出一个误差最小的最佳经验式 $y=a+bx$。按这一最佳经验公式作出的图线虽不一定能通过每一个实验点，但是它以最接近这些实验点的方式平滑地穿过它们。很明显，对应于每一个 x_i 值，观测值 y_i 和最佳经验式的 y 值之间存在偏差 δ_{y_i}，称之为观测值 y_i 的偏差，即 $\delta_{y_i}=y_i-y=y_i-(a+bx_i)$，$i=1,2,3,\cdots,n$。

最小二乘法的原理：若各观测值 y_i 的误差互相独立且服从同一正态分布，当 y_i 的偏差的平方和为最小时，得到最佳经验式。根据这一原则可求出常数 a 和 b。

设以 S 表示 δ_{y_i} 的平方和，应满足式（2-4）：

$$S=\sum(\delta_{y_i})^2=\sum[y_i-(a+bx_i)]^2=\text{最小值} \tag{2-4}$$

式（2-4）中的各 y_i 和 x_i 是测量值，都是已知量，而 a 和 b 是待求的，因此 S 实际是 a 和 b 的函数。令 S 对 a 和 b 的偏导数为零，见式（2-5），即可解出满足上式的 a、b 值。

$$\frac{\partial S}{\partial a}=-2\sum(y_i-a-bx_i)=0，\frac{\partial S}{\partial b}=-2\sum(y_i-a-bx_i)x_i=0 \tag{2-5}$$

即

$$\sum y_i-na-b\sum x_i=0，\sum x_iy_i-a\sum x_i-b\sum x_i^2=0 \tag{2-6}$$

其解为：

$$a=\frac{\sum x_iy_i\sum x_i-\sum y_i\sum x_i^2}{(\sum x_i)^2-n\sum x_i^2}，b=\frac{\sum x_i\sum y_i-n\sum x_iy_i}{(\sum x_i)^2-n\sum x_i^2} \tag{2-7}$$

将得出的 a 和 b 代入直线方程，即得到最佳的经验公式 $y=a+bx$。

上面介绍了用最小二乘法求经验公式中常数 a 和 b 的方法，是一种直线拟合法。它在科学实验中的运用很广泛，特别是有了计算器后，计算工作量大大减少，计算精度也能保证，因此它是很有用又很方便的方法。用这种方法计算的常数值 a 和 b 是“最佳的”，但并不是没有误差，它们的误差估算比较复杂。一般地说，一列测量值的 δ_{y_i} 大（即实验点对直线的偏离大），那么由这列数据求出的 a、b 值的误差也大，由此定出的经验公式可靠程度就低；如果一列测量值的 δ_{y_i} 小（即实验点对直线的偏离小），那么由这列数据求出的 a、b 值的误差就小，由此定出的经验公式可靠程度就高。

为了检查实验数据的函数关系与得到的拟合直线的符合程度，数学上引进了线性相关系数 r 来进行判断。r 定义为：

$$r=\frac{\sum\Delta x_i\Delta y_i}{\sqrt{\sum(\Delta x_i)^2\sum(\Delta y_i)^2}} \tag{2-8}$$

式中，$\Delta x_i=x_i-\bar{x}$，$\Delta y_i=y_i-\bar{y}$。r 的取值范围为 $-1\leqslant r\leqslant 1$。从相关系数的这一特性可以判断实验数据是否符合线性。如果 r 很接近于 1，则各实验点均在一条直线上。实验中 r 如果达到 0.999，就表示实验数据的线性关系良好，各实验点聚集在一条直线附近。相反，相关系数 $r=0$ 或趋近于零，说明实验数据很分散，无线性关系。因此用直线拟合法处理数据时要计算相关系数。具有二维统计功能的计算器有直接计算 r 及 a、b 的功能。

3
实验相关指标测定方法及有关实验

3.1 管道风压、风速测定方法

管道中风压、风速采用皮托管连接数字压力计进行测量。

(1) 数字压力计使用说明

不同型号仪器使用方法不同，应按照仪器使用说明书进行操作。本实验给出的数字压力计参数和使用方法如下。

数字压力计使用环境温度为－10～40℃，测量范围为0～2000Pa，基本误差为±1% FS（全量程），分辨力为1Pa，过载能力为35kPa，功耗＜150mW，电源为9V层叠电池一节。

数字压力计使用方法：

① 单压力测试模式。装上9V电池，打开侧面的拨动开关，屏幕即有压力数字显示，预热15分钟，显示屏若有不为零的压力数字，可按“CLR”键清零。根据需要把接口与被测气源相连就可以测压，若是正压力将胶管与“⊕”相连，反之，与“⊖”相连。当屏幕左方出现“♡”符号时，表示压力为负值。

② 瞬时流速、流量显示模式。若需要测试管道气体流速或流量就用S型或L型皮托管与仪器接口相连，在显示压力时，按“2”键2s后放开，就显示当时的瞬时流速（m/s），若再按一下“3”键就显示瞬时流量值（m^3/h）（注意：流量显示值需要乘10^4才是m^3/h）。在此模式下，任意按下“1”、“2”、“3”键可以分别显示瞬时压力、瞬时流速和瞬时流量。当进入平均值模式后要返回单压力测试模式时，需要重新开机。

③ 平均值模式。以下的各功能键操作说明均在此模式下进行。

本仪器若配上皮托管（测速管），即可对管道的平均流速、平均流量和压力进行测试。

方法：在单压力测试模式下，按下“※”键3s，显示屏右侧出现三个“▶”符号时，表示已进入此模式。

④ 管路连接。根据具体测试气流方向和压力的正负以及被测压力是静压、全压还是动压（差压）来决定仪器接口与被测压力接口或皮托管的连接方式。当被测压力为正压时，测试管应与“⊕”连接；反之，与“⊖”连接。当显示的压力为负压值时，表示所测的压力为负压或仪器两个接嘴方向接错。

⑤ 仪器组成及各部分的功能。

a. 低压接嘴“⊖”；

b. 高压接嘴“⊕”；

c. LED液晶显示屏；

d. 电源开关；

e. 12个功能键。

“CLR”：压力清零键，时间清零键（时间显示下按3s，可以重新计时）。

“ENTER”：确认键，修改数据后，必须按此键后才有效。

“※”：进入平均值模式键，按此键3s即可。

“F”：管道截面积（m^2）的输入和修改键。

“t”：时间显示键，显示从刚开机至目前的时间。

“K”：皮托管系数的输入、修改键。

“ρ”：气体密度的输入、修改键，g/cm^3。

“$\bar{V}$”：流速平均值操作键，m/s。

“$\bar{Q}$”：流量平均值操作键，m^3/h。

“$\overline{\sqrt{P}}$”：压力均方根值操作键，Pa。

“0～9”：数字输入键。

“♡0001”：显示屏左侧出现“♡”符号时，表示被测压力为负值。

P：瞬时压力测量键。

数字压力计使用过程中需注意以下事项：

① 不要过载；

② 远离振动源及强电磁场；

③ 在有压力输入时，不可按“CLR”键清零以免造成较大测试误差。

（2）皮托管使用说明

L型皮托管系数在0.99～1.01之间，S型皮托管系数在0.81～0.86之间，测量空气流速不超过40m/s，测量水流速度不超过25m/s。

皮托管使用方法：

① 要正确选择测量点断面，确保测量点在气流流动平稳的直管段。为此，测量断面距离来流方向的弯头、阀门、变径异形管等局部构件要大于4倍管道直径，距离下游方向的局部弯头、变径结构应大于2倍管道直径。

② 皮托管的直径规格选择原则是与被测管道直径比不大于0.02，以免产生干扰，使误差增大。测量时不要让皮托管靠近管壁。

③ 测量时应当将全压孔对准气流方向，以指向杆指示。测量点插入孔处应避免漏风，防止该断面上气流干扰。按管道测量技术规范，应合理选择测量断面的测点。

④ 皮托管只能测得管道断面上某一点的流速，但计算流量时要用平均流速，由于断面流量分布不均匀，因此该断面上应多测几点，以求取平均值。测点按烟道（管道）测量法规定，按“对数-线性”法划分，也可按常用的等分面积来划分。

⑤ S型皮托管静压接头处有标记号码，要在鉴定单上注明皮托管系数。鉴定单应长期保存，以供计算。

皮托管使用过程中需注意以下事项：

① 使用中可能造成管子弯曲，在使用前检查一次，明显挠曲应预先校直，锥头损伤则不能再使用。

② 在含尘管道中使用后，管内可能有积尘或水汽，应在使用后用吹气方法吹净后盛盒，或在使用前测试一下畅通性。使用后及时清洁内外管，以保证长期良好状态。

③ 经常检查小静压孔，勿使杂质堵塞小孔，造成压力不通。

④ 标准皮托管检定周期为五年。

3.2 SO_2、NO和NH_3浓度的测定方法

SO_2、NO和NH_3浓度采用便携式分析仪测定，是根据传感器原理进行分析。不同型号仪器使用方法不同，应按照仪器使用说明书进行操作。

下面以GT 903型分析仪为例，说明分析仪器的使用方法。

仪器配有检测各气体的传感器，测量范围为0～100μmol/mol，分辨率为0.01μmol/mol，响应时间≤30秒，恢复时间<30秒，最大允许误差为±5%μmol/mol，工作温度为−30～50℃，工作湿度≤95%RH（相对湿度），无冷凝，工作电源为4000mA可充电聚合物电池，工作压力为−30～200kPa，尺寸/质量为180mm×85mm×70mm/0.5kg（仪器净重），检测方式为泵吸式。

仪器操作说明如下。

（1）按键说明

仪器显示下方共设6个按键：“上”、“下”、“Back”（返回）、“OK”（确定）、“RUN/STOP”、“电源”。3个操作界面：检测界面、主菜单界面、参数设置界面。仪器界面按键功能说明见表3-1。

表3-1 仪器界面按键功能说明

按键	检测界面	主菜单界面	参数设置界面
“上”键	无	上移	上移/数值加
“下”键	无	下移	下移/数值减
“Back”键	无	返回上一级菜单	返回上一级菜单
“OK”键	进入主菜单(长按5s)	确定进入子菜单	确定/选择/保存
“RUN/STOP”键	气泵/定时检测/手动储存(长按5s)	无	无
“电源”键	开/关机(长按5s)/锁屏开关	开/关机(长按5s)	开/关机(长按5s)

（2）开机方法

关机状态下，长按“电源”键5秒钟，仪器液晶背光点亮，蜂鸣器“嘀”一声，仪器自动开机，开机以后仪器显示的画面依次为：传感器检测同时气泵自动开启、传感器信息、传感器预热时间。倒计时完成后蜂鸣器“嘀”一声并伴红色指示灯闪一下，即进入正常检测界面。

（3）关机方法

正常检测状态下，长按“电源”键5秒钟，仪器显示关机画面，背光关闭，此时检测仪进入休眠关机状态。

（4）充电方式

在仪器显示一格电的时候，将充电数据线插入仪器底部的充电口（勿插反），另一端插入5V电源进行充电，充电过程中蓝灯亮，充满绿灯亮（建议不要将电池用到自动关机才充电）。

3.3 挥发性有机气体（VOCs）浓度测定方法

VOCs浓度采用有机气体检测仪进行测定。不同型号仪器使用方法不同，应按照仪器使用说明书进行操作。下面以PhoCheck Tiger有机气体检测仪为例说明仪器使用方法。

仪器最小分辨率为0.1ppm[1]，量程为0.001～20000ppm，响应时间T90＜2s，精度±5%；电源使用锂电池，可长达24h连续使用；PID灯有10.6eV氪气PID灯（标准型）、9.8eV和11.7eV灯可选；报警LED闪灯和95dB（A）300mm扬声器可选振动报警；流量为220mL/min，具有低流量报警功能；工作温度为－20～60℃，湿度为0～99%RH（无冷凝）；具IP65防水设计；仪器体积为宽度340mm×高度90mm×深度60mm，仪器质量为0.72kg。

仪器使用方法：

① 在新鲜空气环境中打开电源，检查电池电量，达到规定要求；

② 零调节（或检查），在干净的空气中调节指针为零或检查读数为零；

③ 现场测量和读取数据，检测仪检测时要等到指针稳定和读数稳定后读取检测数据：

④ 将便携式VOCs检测仪移至新鲜空气环境，当指示为零时再关闭电源。

仪器使用过程需注意以下事项：

① 检测元件与补偿元件的使用寿命通常为3～5年，在使用条件合理和维护得当的条件下可延长其使用寿命。

② 对于有试验按钮的报警器，每周应按动一次试验按钮来检查报警系统是否正常，每两个月应检查一次报警器的零点和量程。

③ 经常检查检测仪器有无意外进水，检测器透气罩在仪表检测时应取下清洗，以免出现堵塞的情况。

④ 检测仪为隔爆型防爆设备，不得在超出规定的范围使用，检测仪不得在含硫的场合使用。检测仪应尽量在可燃气体浓度低于爆炸下限的条件下使用，否则有可能会出现烧坏元件的情况。

⑤ 不得在缺氧的条件下使用，并且注意不可用大量的可燃气直冲探头。

3.4 粉尘浓度的测定方法

粉尘浓度采用便携式粉尘仪测定，不同型号仪器使用方法不同，应按照仪器使用说明书进行操作。下面以P-5L2C微电脑粉尘仪为例说明仪器使用方法。

仪器检测灵敏度为0.01mg/m^3；测定范围为0.01～100mg/m^3；测定时间为0.1min、1min、3min、5min、10min、15min及手动任意时间；测量精度为±10%；输出方式为4位液晶显示，可直读每分钟计数（CPM）值及质量浓度值（mg/m^3），数据可直接输入个人计算机（PC机），亦可连接专用打印机现场输出数据；可存储99组测量数据；在PC机上可自动计算出算术平均值、标准偏差、最大值、最小值、允许浓度值；工作环境温度为0～40℃；电源为9V镍氢充电电池，可连续使用12h，附220V/12V充电器；尺寸为202mm×

---

[1] 1ppm＝1×10^{-6}。

85mm×168mm，质量为2.4kg。

仪器使用方法：

(1) 开机预热与时间校准

按下“POWER”键，依次显示月、日、小时、分钟；按调整键，“小时”位闪动，按“↑/回放”或“↓/存储”键增加或减小数值；再按“调整”键，进入下一位调整。同理调整“分钟”“月”“日”“年”，完成年度位调整后按“调整”键，返回时间显示，完成时间校准。

预热：将选择扳钮扳到“灵敏度校准”位置后预热3～5min。

(2) 电池检查

按下“BATT”键，表头指针应在短红线范围内，达不到短红线内则必须给电池充电后方能工作。

(3) 测量校准

重新开机测量前应进行测量校准。

(4) 按“K”“K_1”“K_2”中任意键选择K值（mg/m^3指示灯亮）

按“K”“K_1”“K_2”任意键，可实现测量模式的转换：CPM指示灯亮时为相对质量浓度模式；mg/m^3指示灯亮时为直读质量浓度模式（使用显示K值测量）。

(5) 将时间设定钮置于“1”挡位

选择扳钮置于测量位置（“MEASURE”），按下“风扇”键后再按“START/STOP”键，开始测量，1min后显示测量结果。

(6) 数据存储

测量结束后，按“存储”键，显示值先灭再亮，则时间及测量值已被存入。

注：① 当在相对质量浓度模式下测量时（CPM指示灯亮），按“存储”键存入时间和CPM值；

② 当在直读质量浓度模式下测量时（mg/m^3指示灯亮），按“存储”键存入时间和mg/m^3值；

③ 存储容量：可循环存储最近的99组值。

(7) 数据回放

当mg/m^3指示灯亮时，按“↑/回放”键，显示最近存入的1组数据，依次显示浓度值、K值、测量时间、测量日期，最终回到浓度值显示（此时若微型打印机在线，则打印出序号、浓度和存储时间）；重复上述操作，可依次回放第2～99组测量记录。

当CPM指示灯亮时，按“回放”键，显示最近存入的1组以CPM为浓度单位的测量值，依次显示相对质量浓度值、测量时间、测量日期，最终回到相对质量浓度值显示；重复上述操作，可依次回放第2～99组测量记录。

注：① 在CPM模式下回放时（CPM指示灯亮时），只回放相对质量浓度值、测量时间、测量日期3个参数，不显示转换系数K。

② 在直读质量浓度模式下回放时（mg/m^3指示灯亮时），回放质量浓度值（mg/m^3）、转换K值、测量时间、测量日期4个参数。

仪器使用过程需注意以下事项：

① 本产品除测量校准外，用户无须调整。

② 在测量过程中不要碰其他任何键、钮。

③ 仪器充电必须用仪器配备的专用电源适配器。

3.5 粉尘物理性质的测定方法

3.5.1 粉尘真密度测定实验

(1) 实验原理

物质密度的表达式为:

$$\rho=\frac{m}{V_c} \tag{3-1}$$

式中 m——物质的质量,kg;

V_c——该物质的体积,m^3。

粉尘真密度的测定原理:取一定量试样称重后放入比重瓶中,将其用液体浸润,再使用真空干燥器抽真空以排除粉尘颗粒间隙的空气,得到的体积为粉尘试样在真密度条件下的体积,然后根据式(3-5)计算得到粉尘的真密度。

设比重瓶的质量为 m_0,容积为 V_s,瓶内充满已知密度为 ρ_s 的液体,则总质量为:

$$m_1=m_0+\rho_s V_s \tag{3-2}$$

当瓶内加入质量为 m_c、体积为 V_c 的粉尘试样后,瓶中减少了 V_c 体积的液体,故有:

$$m_2=m_0+\rho_s(V_s-V_c)+m_c \tag{3-3}$$

粉尘试样体积 V_c 可根据式(3-2)和式(3-3)表示为:

$$V_c=\frac{m_1-m_2+m_c}{\rho_s} \tag{3-4}$$

所以粉尘的真密度 ρ_c 为:

$$\rho_c=\frac{m_c}{V_c}=\frac{m_c\rho_s}{m_1+m_c-m_2}=\frac{m_c\rho_s}{m_s} \tag{3-5}$$

式中 m_s——排除液体的质量;

m_c——粉尘质量;

m_1——比重瓶加液体的质量;

m_2——比重瓶加液体和粉尘的质量,kg 或 g;

V_c——粉尘真体积,m^3 或 cm^3。

粉尘真密度测定示意图见图 3-1。

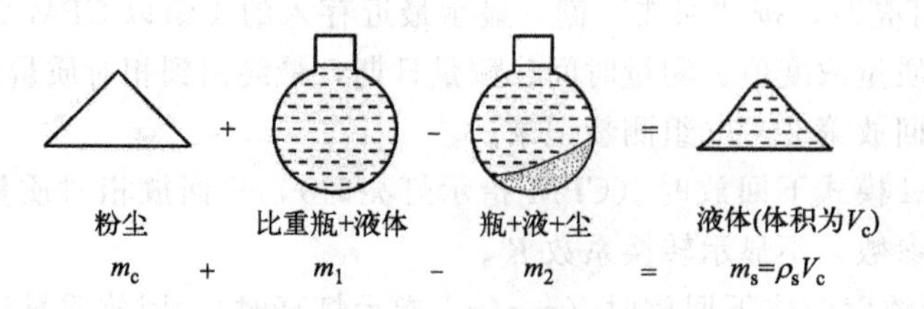

图 3-1 粉尘真密度测定示意图

(2) 实验装置与设备

① 实验装置。粉尘真密度测定用抽真空装置示意图见图 3-2。

② 实验设备及材料。

a. 比重瓶：100mL，3 个。

b. 分析天平：0.1mg，1 台。

c. 真空泵：真空度＞0.9×10^5Pa。

d. 烘箱：0～150℃，1 台。

e. 真空干燥器：300mm，1 台。

f. 滴管：1 个。

g. 烧杯：250mL，1 个。

h. 滑石粉试样、蒸馏水、滤纸若干。

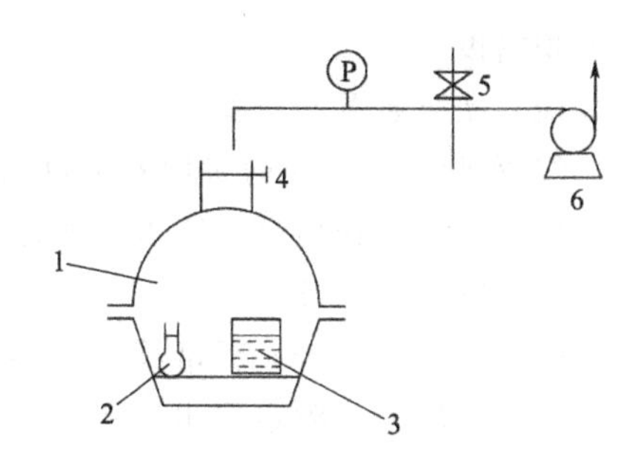

图 3-2 粉尘真密度测定用抽真空装置示意图

1—真空干燥器；2—比重瓶；3—水；4—阀；5—放气阀；6—真空泵

(3) 实验步骤

① 称取 25g 粉尘于烘箱中在 105℃下烘干至恒重。

② 将恒重后的粉尘试样用分析天平称重，质量记作 m_c。

③ 取干净的比重瓶编号，烘干至恒重，称重并记下质量 m_0。

④ 将比重瓶加蒸馏水至标记，擦干比重瓶称重，记下瓶和水的质量 m_1。

⑤ 将比重瓶中的水倒出，加入粉尘 m_c（粉尘试样不少于 20g）。

⑥ 用滴管吸蒸馏水到装有粉尘试样的比重瓶中，直至达到比重瓶容积的一半左右，使粉尘润湿。

⑦ 将装有粉尘试样的比重瓶和装有蒸馏水的烧杯放置于真空干燥器中。保持真空度在 98kPa 抽 15～20min，使水充满所有间隙，同时去除烧杯内可能存在的气泡。

⑧ 停止抽气，打开放气阀向真空干燥器缓慢进气，待真空表显示恢复至常压后打开真空干燥器，取出比重瓶和烧杯，将烧杯中的蒸馏水加到比重瓶中直至标记处，擦干比重瓶表面后称重，记下质量 m_2。

⑨ 按以上步骤测定 3 个平行样品。

(4) 实验结果整理

① 粉尘真密度测定数据记录见表 3-2，测定数据记录在表 3-2 中，按式（3-5）计算粉尘的真密度。

表 3-2 粉尘真密度测定数据记录

粉尘名称________________

比重瓶编号	粉尘质量 m_c/g	比重瓶质量 m_0/g	（比重瓶＋水）质量 m_1/g	（比重瓶＋粉尘＋水）质量 m_2/g	粉尘真密度 /(kg/m³)
平均					

② 测 3 个平行样品，要求 3 个样品测定结果的绝对误差不超过±0.02g/cm³。

3.5.2 粉尘堆积密度的测定实验

(1) 实验原理

粉尘从漏斗口一定高度自由下落充满量筒。松装状态下量筒内单位体积粉尘的质量即粉尘堆积密度。

(2) 实验装置与设备

① 实验装置。实验采用粉尘自然堆积密度计测定粉尘堆积密度，粉尘自然堆积密度计见图 3-3。

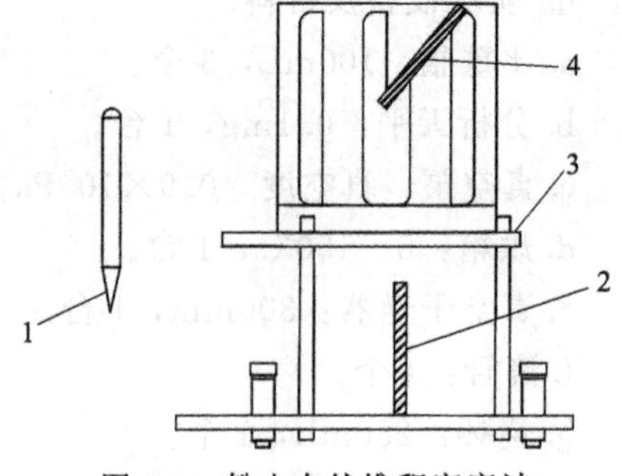

图 3-3　粉尘自然堆积密度计

1—塞棒；2—量筒；3—支座；4—漏斗

② 实验设备及材料。

a. 80 目 (180μm) 标准筛、电热干燥箱。

b. 自然堆积法测定粉尘堆积密度的装置应水平放在实验台上，其中漏斗锥度 (60±0.5)°，漏斗流出口径 ϕ12.7mm，漏斗中心与下部圆形量筒中心一致，流出口底沿与量筒上沿距离 (115±2)mm，量筒内径 ϕ39mm，容积 100cm^3。

c. 工业天平：最大称量 1kg，感量 2mg，准确度等级 5 级。

d. 容积 120mL 的盛样量筒，平直的尘样刮片。

(3) 实验步骤

① 在实验台上，将测定装置各部件按图 3-3 进行组装，并调整至水平。

② 将漏斗流出口使用塞棒塞住。在盛样量筒中装入尘样并用刮片刮平，随后倒入漏斗中。

③ 拔出塞棒使粉尘自由下落到量筒下部，待漏斗中粉尘流净后，将堆积于量筒上部的粉尘用刮片刮去。

④ 使用天平给装有粉尘的量筒称重。

(4) 实验结果整理

① 粉尘堆积密度测定数据记录见表 3-3，测定数据记录在表 3-3 中，按式 (3-6) 计算粉尘的堆积密度。

表 3-3　粉尘堆积密度测定数据记录

粉尘名称＿＿＿＿＿＿＿＿　　　　单位：g

编号	粉尘质量 1	粉尘质量 2	粉尘质量 3
平均值			

② 连续 3 次测定所得的粉尘质量最大值与最小值之差应小于 1g，否则进行重复测定，直到最大值与最小值之差小于 1g，取符合要求的 3 次测量平均值作为测定结果。

$$\rho_b = \frac{\frac{1}{3}(m_1 + m_2 + m_3)}{V} \tag{3-6}$$

式中　ρ_b——粉尘堆积密度，g/cm^3；

m_1、m_2、m_3——测量 3 次分别称得的粉尘质量，g；

V——校正后的量筒容积，cm^3。

3.5.3　安息角的测定实验

(1) 实验原理

将足够满溢料盘的粉尘从漏斗口注入水平料盘，粉尘堆积斜面与底部水平面所夹锐角即粉尘安息角。

(2) 实验装置与设备

① 实验装置。粉尘安息角测量装置见图 3-4。

② 实验设备及材料。

a. 80 目（180μm）标准筛、电热干燥箱。

b. 注入限定底面法测定粉尘安息角的装置如图 3-4 所示，应水平放置在实验台上，其中漏斗锥度 (60±0.5)°，流出口径 ϕ5mm，漏斗中心与下部料盘中心应在一条垂线上，流出口底沿与盘面距离 (80±2)mm，量角器 7.5～10cm，料盘直径 ϕ80mm。

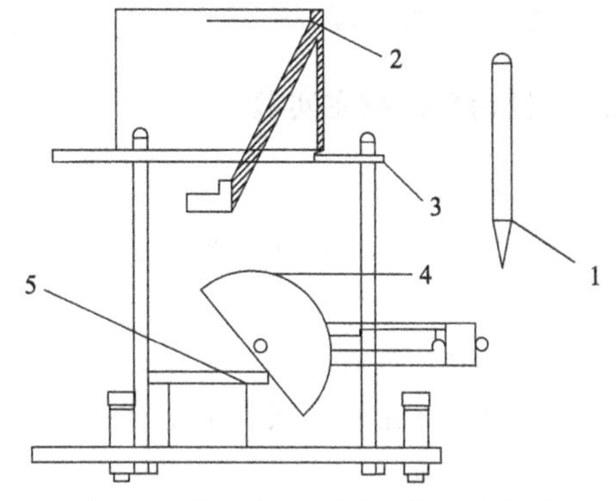

图 3-4 粉尘安息角测量装置示意图

1—塞棒；2—漏斗；3—支座；4—量角器；5—料盘

c. 容积 100mL 的盛样量筒，平直的尘样刮片，棒针。

(3) 实验步骤

① 按照 GB/T 16913—2008 的规定进行实验尘样的采集并登记粉尘采样工况。

② 将尘样在 105℃下干燥 4h，自然冷却后通过 80 目标准筛除去杂质。

注：对于在≤105℃时会发生化学反应或熔化、升华的粉尘，应适当降低干燥温度。

③ 将测定装置调整至水平，拨动量角器使其处于垂直位置。

④ 将漏斗流出口用塞棒塞住后，将尘样装入盛样量筒，用刮片刮平后倒入漏斗。

⑤ 将塞棒拔出，使粉尘从漏斗口流出；对于流动性不好的粉尘，可以用棒针搅动使粉尘连续流落到料盘上。待粉尘流净后，使用旋转量角器量出料盘上粉尘锥体母线与水平面所夹锐角，即本次测试的安息角 A，将其记录下来。

⑥ 安息角 A 应连续测定 3～6 次，并求出算术平均值 A_{ep} 和均方差 σ。

注：转动溢料盘时，应避免溢料盘上的试样滑落。

(4) 实验结果整理

① 粉尘安息角测定数据记录见表 3-4，按式 (3-7) 计算安息角算术平均值，按式 (3-8) 计算均方差。

② 舍弃偏离算术平均值 3σ 的测定值，取所余测定值的算术平均值作为测定结果。

表 3-4 粉尘安息角测定数据记录

粉尘名称________________　　　　单位：(°)

编号	1	2	3	4	5	6	平均值	均方差
1								
2								
3								

$$A_{ep}=\frac{\sum_{i=1}^{6}A_i}{6} \tag{3-7}$$

$$\sigma=\sqrt{\frac{1}{6}\sum_{i=1}^{6}(A_i-A_{ep})^2} \tag{3-8}$$

式中　A_i——测定值。

3.5.4　滑动角的测定实验

（1）实验原理

将粉尘自然堆放在光滑平板上，粉尘随平板做倾斜运动时开始发生滑动时的平板倾斜角为滑动角。

（2）实验材料与设备

实验粉尘、光滑平板、电子天平。

（3）实验步骤

① 分别称取 5g、10g、15g、20g、30g 粉尘自然堆放在光滑平板上，随后使粉尘随平板做倾斜运动。

② 将倾斜角度逐步加大，直到粉尘开始发生滑动，此时平板的倾斜角度即粉尘的滑动角。

（4）实验结果整理

粉尘滑动角测定数据记录见表 3-5。

表 3-5　粉尘滑动角测定数据记录

粉尘名称＿＿＿＿＿＿＿＿　　　　单位：(°)

测定次数	5g	10g	15g	20g	30g	平均值
1						
2						
3						
4						

3.5.5　含水率的测定实验

（1）实验原理

通过测定干燥前后粉尘的质量，计算粉尘在干燥过程中失去的水分质量与干燥前粉尘质量的比率，即粉尘含水率。

（2）实验材料与设备

① 电热干燥箱。

② ϕ40mm×25mm 带盖称量杯 6～8 个。

③ 分析天平：最大称量 200g，感量 0.1mg，准确度等级 3 级。

（3）实验步骤

① 准备 6 个带盖称量杯洗净并编号，烘干后置于干燥器中冷却，称重并记录。

② 快速剔除样品瓶或盛样塑料袋中的杂物，将尘样随机装入 6 个称量杯中（约至容积的 2/3），关闭瓶盖并称重记录。

③ 打开盛样杯，在 105℃下干燥后闭盖，置于干燥器中冷却后称重记录，重复操作直至恒重，分别记录杯子和干燥粉尘质量。对于在≤105℃时会发生化学反应或熔化、升华的粉尘，干燥温度应比发生化学反应或熔化、升华温度降低至少 5℃，并适当延长干燥时间。

(4) 实验结果整理

① 按式 (3-9) 计算粉尘含水率,按式 (3-10) 计算含水率的算数平均值,按式 (3-11) 计算均方差。

② 舍弃偏离算术平均值 3σ 的测定值,取所余测定值的算数平均值作为测定结果。

$$W_g = \frac{m_1 - m_2}{m_1 - m_0} \times 100\% \tag{3-9}$$

$$W_{gep} = \frac{\sum_{i=1}^{6} W_{gi}}{6} \tag{3-10}$$

$$\sigma = \sqrt{\frac{1}{6} \sum_{i=1}^{6} (W_{gi} - W_{gep})^2} \tag{3-11}$$

式中 W_g——粉尘含水率,%;

m_1——装有湿粉尘的带盖称量杯质量,g;

m_2——装有干燥粉尘的带盖称量杯质量,g;

m_0——洁净干燥的带盖称量杯质量,g;

W_{gep}——粉尘含水率平均值;

W_{gi}——粉尘含水率测定值;

σ——均方差。

3.5.6 吸湿性的测定实验

(1) 实验原理

取干燥粉尘称重,放置于相对湿度范围受控的保湿器中,等待一定时间后再称重;粉尘增重即其在该时间内从温度和相对湿度在某范围的周围空气中吸收的水分量;吸收的水分量与干燥粉尘本身质量的比率用来表征粉尘的吸湿性。

(2) 实验材料与设备

① 80 目 (180μm) 标准筛、电热干燥箱。

② 保湿器,即底部盛有质量分数为 20%左右的硫酸的干燥器。

③ 能置于保湿器中的相对湿度计,如 HM14 型毛发湿度计。

④ ϕ40mm×25mm 带盖称量杯 6~8 个。

⑤ 分析天平:最大称量 200g,感量 0.1mg,准确度等级 3 级。

⑥ 计时器。

(3) 实验步骤

① 准备 6 个带盖称量杯洗净并编号,烘干后在干燥器内冷却并称重记录,反复操作直至恒重。

② 每个称量杯中撒铺薄层 (1mm 左右) 干燥尘样,再在 105℃下干燥至恒重。随后将装有干燥尘样的称量杯闭盖放置于干燥器内自然冷却,称重并记录称量杯和干燥粉尘的质量。对于在小于或等于 105℃时会发生化学反应或熔化、升华的粉尘,干燥温度应比发生化学反应或熔化、升华的温度降低至少 5℃,并适当延长干燥时间。

③ 将盛有干燥尘样的称量杯打开盖子放置在保湿器中,记录起始日期、时刻及气象条件。同时,将相对湿度计放入保湿器中,对应当前室温记录相对湿度值及观测时间。

④ 根据需要，将置于保湿器中的样杯分别在 24h、48h、72h 后关闭瓶盖，逐个取出称重记录。若需要，可将样杯再放入保湿器中，打开杯盖，一定时间后再次在器内闭盖并逐个取出称重记录。如此操作称重记录可重复进行。

(4) 实验结果整理

① 粉尘吸湿率测定数据记录见表 3-6。

表 3-6　粉尘吸湿率测定数据记录

粉尘名称＿＿＿＿＿＿＿＿　　　　单位：%

测定次数	1	2	3	4	5	6	平均值
1							
2							
3							
4							

② 按式 (3-12) 计算粉尘的吸湿率。

$$W_i = \frac{m_i - m_s}{m_s - m_0} \times 100\% \tag{3-12}$$

式中　W_i——若干小时内粉尘在某温度和湿度范围空气中的吸湿率，%；

m_i——在保湿器中放置若干小时后称量杯和粉尘的质量，g；

m_s——称量杯和干燥粉尘的质量，g；

m_0——洁净干燥的空称量杯的质量，g。

③ 按式 (3-13) 计算 6 个平行样的算术平均值 W_{icp}，按式 (3-14) 计算吸湿率 W_i 对其平均值的均方差 σ。

$$W_{icp} = \frac{1}{6}\sum_{i=1}^{6} W_i \tag{3-13}$$

$$\sigma = \sqrt{\frac{1}{6}\sum_{i=1}^{6}(W_i - W_{icp})^2} \tag{3-14}$$

式中　W_{icp}——吸湿率算术平均值；

W_i——粉尘吸湿率测定值；

σ——均方差。

④ 舍弃偏离算术平均值 3σ 的测定值，取所余测定值的算术平均值为测定结果。

3.5.7　浸润性的测定实验

(1) 实验原理

在底端加封滤纸的无底玻璃试管中加入粉尘，将试管垂直放置在浸液面上并使底端面与浸液面接触，测定相应时间的粉尘浸润高度以表征该浸液对粉尘的浸透速度，该速度即粉尘对该浸液的浸润性。

(2) 实验装置与设备

① 实验装置。粉尘浸润性测定装置见图 3-5。

② 实验设备及材料。

a. 80目（180μm）标准筛、电热干燥箱。

b. 浸透速度法测定粉尘浸润性的装置如图3-5所示，应水平放置在实验台上。盛液盘内装浸液，液位至托板的支托面。无底玻璃试管长240mm，内径ϕ8mm，刻度以1mm分度值从0至240mm。支座保证无底玻璃试管垂直置于液面。

c. 滤纸、细线、木棒。

d. 秒表：准确度等级2级。

（3）实验步骤

① 将无底玻璃试管的底端加封滤纸并用细线缚住，在管中加入尘样的同时用木棒不断敲打试管，在尘样装满以后继续敲打10～20次以达到尘样在试管中高度稳定的目的。

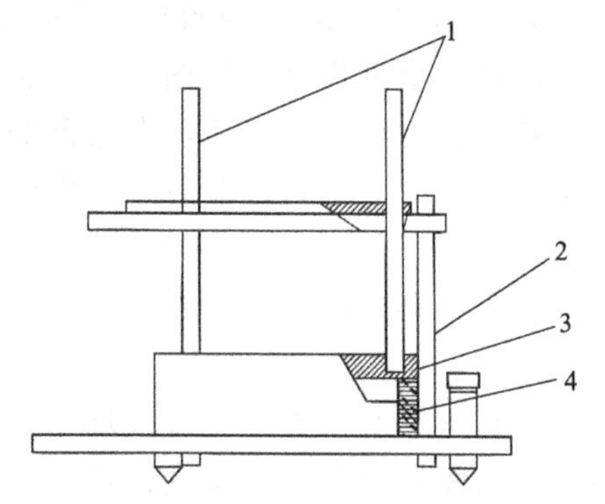

图3-5 粉尘浸润性测定装置

1—无底玻璃试管；2—支座；3—托板；4—盛液盘

② 按图3-5在盛液盘托板的支托面上插入2根装有尘样的试管；在盛液盘托板的上表面与支托面间加入浸液，启动秒表，记录浸液对尘样的浸润时间及相应的浸润高度。整个观测期间应随时加液，使液面位置始终保持在托板的上表面与支托面间。

（4）实验结果整理

① 粉尘浸润性测定数据记录见表3-7。

表3-7 粉尘浸润性测定数据记录

粉尘名称________________

测定时间/s	高度h_1/mm	高度h_2/mm	高度h_3/mm	高度h_4/mm	高度h_5/mm	高度h_6/mm	高度h_7/mm

② 结果表示：取两个平行样品的平均值为测定结果，两个平行样品对应同一浸润时间的浸润高度差不应大于平均值的10%。

3.5.8 黏结性的测定实验（垂直拉断法）

（1）实验原理

准备可分套筒样品盒，在其中装入粉尘并不断振动使其充填致密，随后垂直拉断黏度天平上的粉尘样品，测定粉尘样品的垂直拉断强度以表征粉尘的黏结性。

（2）实验装置与设备

① 实验装置。粉尘黏度天平示意图见图3-6。

② 实验设备及材料。

a. 80 目（180μm）标准筛、电热干燥箱。

b. 可分套筒样品盒如图 3-6 所示：内径为 2cm 的可垂直上挂的轻质上套筒，带底盘的上沿与上套筒下沿平齐配合的下套筒，由夹具夹紧成一体的装粉尘样品的筒状盒。上套筒高 2.4cm，下套筒深 2.2cm。

c. 振动器：可使样品盒中粉尘振动充填致密的装置。

d. 粉尘黏度天平：一台按规定可由类似 TG628A 型天平改装的粉尘样品垂直拉断测力装置，应水平放置在实验台上。

e. 分析天平：最大称量 200g，感量 0.1mg，准确度等级 3 级。

f. ϕ60mm×30mm 称量杯、尘样刮片、毛刷。

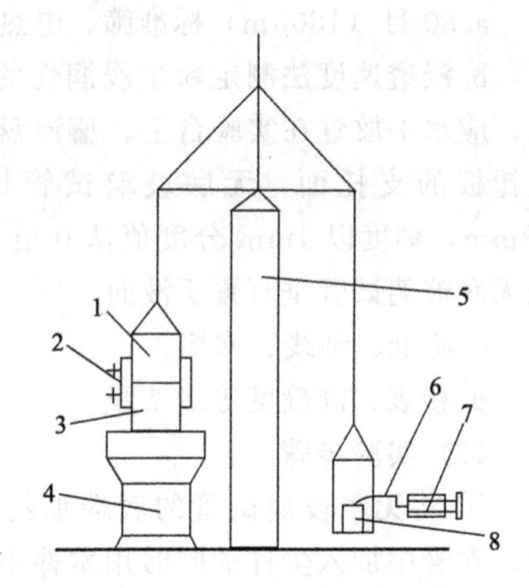

图 3-6　粉尘黏度天平示意图

1—上套筒；2—夹具；3—下套筒；4—可调支架；5—黏度天平；6—滴水管；7—注水器；8—盛水筒

（3）实验步骤

① 将可分套筒样品盒夹紧后置于称量杯内，分别给空盒和称量杯称重记录。

② 将粉尘样品加入样品盒，随后把样品盒放入振动器振动使粉尘充填致密；随后取出该样品盒，使用刮片刮平上端粉尘，并用毛刷将周边粉尘清扫干净，放入称量杯中，将样品盒和称量杯称重记录。

③ 按式（3-15）计算尘样填充率：

$$\varepsilon = \frac{G_s - G_0}{V} \div \rho_p \tag{3-15}$$

式中　ε——尘样充填率，%；

G_s——样盒和称量杯质量，g；

G_0——空盒和称量杯质量，g；

V——样品盒容积，cm^3；

ρ_p——粉尘有效密度，g/cm^3。

④ 将黏度天平调整至零位。将样品盒放在黏度天平的可调支架上，通过调节支架使样品盒上套筒与天平左臂持钩保持垂直上挂接触而不使其受力，然后轻轻缓慢松开固定样品盒上下筒的夹具，避免其发生错动，待测。

⑤ 在黏度天平右臂挂盘上放入轻质盛水筒。利用注水器与滴水管往筒内慢慢滴水并观察天平指针；在天平指针左偏跳时立刻停止注水，此时尘样已被垂直拉断。

⑥ 从天平上慢慢取下有半截尘样的上套筒，将带有粉尘的上套筒放入称量杯。

⑦ 给盛水筒、上样筒和称量杯称重并记录。

⑧ 计算粉尘样品的垂直拉断强度，即粉尘的黏结性。

⑨ 对粉尘样品进行连续 3～5 次的测定，计算算术平均值 P_{cp} 和均方差 σ。

（4）实验结果整理

① 粉尘黏结性测定数据记录见表 3-8，按式（3-16）计算粉尘黏结性，按式（3-17）计算粉尘黏结性算术平均值 P_{cp}，按式（3-18）计算均方差。

表 3-8 粉尘黏结性测定数据记录

粉尘名称________________

实验次数	$G_{s上}$/g	G/g	W/g	A/cm^2	P/(g/cm^2)	P_{cp}/(g/cm^2)	σ
1							
2							
3							
4							
5							

$$P=\frac{W-G_{s上}+G}{A} \tag{3-16}$$

式中 P——粉尘样品垂直拉断强度，g/cm^2；

W——盛水筒质量，g；

$G_{s上}$——上样筒和称量杯质量，g；

G——称量杯质量，g；

A——尘样截面积，cm^2。

$$P_{cp}=\frac{1}{n}\sum_{i=1}^{n}P_i \tag{3-17}$$

$$\sigma=\sqrt{\frac{1}{n}\sum_{i=1}^{n}(P_i-P_{cp})^2} \tag{3-18}$$

式中 P_{cp}——粉尘样品垂直拉断强度的算术平均值；

n——实验次数；

P_i——粉尘样品垂直拉断强度的测定值。

② 舍弃偏离算术平均值 3σ 的测定值，取剩余测定值的算术平均值为测定结果。

3.5.9 比电阻的测定实验

(1) 实验原理

在圆盘中装入粉尘，并将带有粉尘的圆盘置于实验环境模拟箱内，上电极自然地放在载样圆盘中心；等尘样与箱内气相状态达到平衡后，开启电源对加于粉尘层上的电压和通过主电极的电流进行测量，根据粉尘层的厚度和主电极接触粉尘层的面积来计算粉尘在该状态下的比电阻。

(2) 实验装置与设备

① 实验装置。粉尘比电阻实验装置见图 3-7。

② 实验设备及仪器。

a. 80 目（180μm）标准筛、电热干燥箱。

b. 圆盘法测定粉尘比电阻在实验环境模拟箱内进行，圆盘测定器见图 3-8。

c. 圆盘测定器如图 3-8 所示：电极应导电性良好，加热后不变形，抗腐蚀，环境气相渗透平衡快，表面平整光滑无尖端放电现象；绝缘支架应耐腐蚀且绝缘性能好；由主电极和屏蔽电极组成的上电极对尘样的压强为 10g/cm^2。

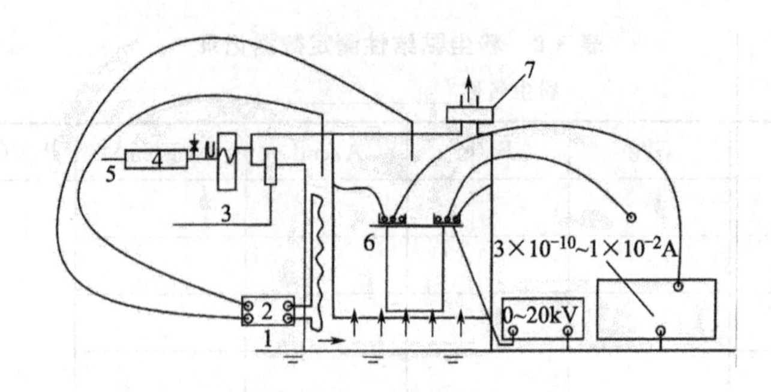

图 3-7　粉尘比电阻实验装置

1—实验环境模拟箱；2—控温器；3—蒸汽可控发生器；4—无油气体压缩机；5—室内空气；6—高压托盘；7—湿度检测

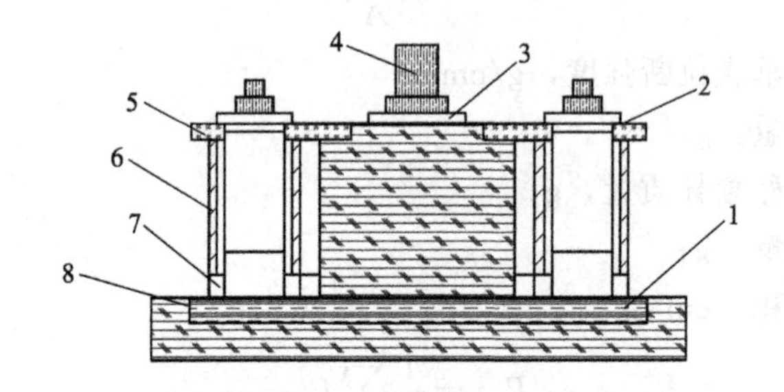

图 3-8　圆盘测定器

1—粉尘；2—接地；3—接电流表再入地；4—主电极；5—石英玻璃板；6—石英玻璃套管；7—屏蔽电极；8—不锈钢微孔圆盘

d. 温度调整范围从室温至 300℃，等温实验保持在±5℃以内；湿度调整范围从室内湿度至 15%（体积分数），等湿实验保持在±1.5%（体积分数）以内；箱体接地可靠，高压托盘对地距离不小于 4cm。

e. 高压直流供给电压为 0～20kV，电流为 0～10mA。

f. 测量仪表。

(a) 电压表：量程 0～20kV，准确度等级 1.5 级。

(b) 电流表：量程 3×10^{-10}～1×10^{-2} A，准确度等级 1.5 级。

(3) 实验步骤

① 粉尘比电阻的测定。对实验环境模拟箱内的气态进行调整，等尘样与箱内气相状态平衡后（约 30min）开启电源，在约 100V/s 的速度下平稳升至实验所需电压（一般粉尘的实验所需电场强度为 2kV/cm），并在接通电流后的 30～60s 内读数。对于低比电阻粉尘，实验电流的设置应以 10mA 为限；而对于高比电阻粉尘，实验电压的设置应该以粉尘层击穿电压的 95%为限。

② 尘样击穿电压测定。对一般粉尘而言，实验电场强度的起点应设置在 2kV/cm，并以 2kV/cm 为增量逐一递升直至粉尘层击穿同时记录实验电场强度。

(4) 实验结果整理

粉尘比电阻测定数据记录见表 3-9，按式 (3-19) 计算粉尘的比电阻。

表 3-9 粉尘比电阻测定数据记录

粉尘名称________________

电场强度/(kV/cm)				
粉尘比电阻/(Ω·cm)				
尘样击穿电压/V				

$$\rho=\frac{U}{I}\times\frac{S}{H} \tag{3-19}$$

式中 ρ——比电阻，Ω·cm；

U——实验电压，V；

S——主电极接触粉尘层面积，cm^2；

I——测定电流，A；

H——粉尘层厚度，cm。

3.6 水中悬浮物的测定实验

（1）实验原理

水质中的悬浮物是指在使用孔径为0.45μm的滤膜对水样进行过滤以后，通过滤膜截留后并在103～105℃烘干至恒重的固体物质。本实验中，真空泵可以作为抽滤装置对水样进行抽吸过滤，随后对截留在滤膜上的悬浮物进行烘干至恒重，通过测定截留悬浮物前后滤膜的质量差来计算悬浮物的质量。

（2）仪器和试剂

① 玻璃砂芯过滤装置，规格1000mL；

② CN-CA微孔滤膜，孔径0.45μm、直径50mm；

③ 真空泵，抽气速率7.2m^3/h，极限真空5Pa，或其他类型的抽气泵，流量控制在80～90L/min；

④ 称量瓶，30mm×60mm；

⑤ 烘箱，可控制恒温在103～105℃；

⑥ 干燥器；

⑦ 无齿扁嘴镊子；

⑧ 白瓷盘；

⑨ 白纱线手套；

⑩ 冰箱。

（3）实验步骤

① 采样。首先使用洗涤剂对聚乙烯或硬质玻璃容器进行清洗，随后依次使用自来水和蒸馏水将器具冲洗干净。在采样之前，须再用待测水样冲洗三次，然后使用容器采集具有代表性的水样300～500mL并盖严瓶塞。

注：漂浮或浸没水体底部的不均匀固体物质不属于悬浮物，应从水样中去除。

② 样品贮存。采集的水样应尽快分析测定。如果不能立刻测定，需要将水样保存在4℃的冰箱中，但保存时间不能超过7d。

注：在样品保存过程中不能加入任何保护剂，因为保护剂有可能破坏物质在固、液间的分配平衡。

③ 滤膜准备（前处理）。滤膜应在蒸馏水中浸泡 24h 后再使用，其间需要更换 1～2 次蒸馏水。将滤膜按照规范正确地铺在过滤器的滤膜托盘上，加盖配套漏斗，并用夹子固定好。以约 100mL 蒸馏水抽滤至近干状态（以 50～60s 为宜）。

卸下固定夹子和漏斗，使用扁嘴无齿镊子慢慢将滤膜夹到已编号的称量瓶内，盖好瓶盖（允许出现小缝隙）。将称量瓶连同滤膜在 103～105℃的烘箱中烘 60min 后取出，随后转移至干燥器内冷却至室温，称其质量；之后再移入烘箱中烘干 30min 后取出，于干燥器内冷却至室温后称重，反复此操作直至恒重（两次称量的质量差值≤0.2mg），记录此质量 B。

④ 样品测定。将经自来水洗涤后的抽滤装置用蒸馏水冲洗。用扁嘴无齿镊子小心从恒重的称量瓶内夹出滤膜并按照规范正确地铺在过滤器的滤膜托盘上，再用蒸馏水简单湿润滤膜，加盖配套漏斗并用夹子固定好。

将试样混合均匀，量取 100mL 导入漏斗，启动真空泵进行抽滤。待水分全部通过滤膜后，继续使用蒸馏水冲洗量器三次（每次 10mL）并进行抽滤。然后，连续使用蒸馏水冲洗漏斗内壁三次（每次 10mL），继续抽滤至近干状态。

停止抽滤后，小心卸下固定夹子和漏斗，用扁嘴无齿镊子小心取出载有悬浮物的滤膜置于已恒重的称量瓶内，盖好瓶盖（允许出现小缝隙）。将称量瓶连同滤膜样品摆放在白瓷盘中一起移入 103～105℃的烘箱中烘 60min 后取出，置于干燥器内冷却至室温并称重；随后继续移入烘箱中烘 60min 后置于干燥器内冷却至室温并称重，反复此操作直至恒重（两次称量的质量差值≤0.4mg），记录此质量 A。

⑤ 悬浮物含量 C 按式（3-20）计算：

$$C=\frac{(A-B)\times 10^6}{V} \tag{3-20}$$

式中 C——水中悬浮物浓度，mg/L；

A——悬浮物＋滤膜与称量瓶质量，g；

B——滤膜与称量瓶质量，g；

V——试样体积，mL。

（4）注意事项

① 在测定阶段，处理样品时应先使用清洁水样。在定量取样时，应选择好合适的量器，保证水样混合均匀后尽快量出。将水样快速倾入漏斗过滤后，用每次约 10mL 蒸馏水冲洗量器三次，并在漏斗过滤时把量器底部的较大颗粒物质去除。

② 为了避免滤膜上截留的悬浮物过多造成过滤困难以及过滤、干燥时间延长等问题使称量误差增大，影响测定精度，实验水样应酌情少取，例如浑浊水样的采集以 20～100mL 为宜，清洁水样的采集以 100～200mL 为宜，而对于特别清洁的水样可适当增大实验所用体积至 200～300mL。

③ 在滤膜前处理阶段用约 100mL 蒸馏水抽滤至近干状态所用的时间应控制在 50～60s。为了保证实验结果的准确性，在实际操作中，对同一批样品的测定最好保证蒸馏水用量和抽滤时间固定。

④ 在将处理后的滤膜和样品转移到称量瓶后，进行加盖操作时，应留出一定缝隙，避免盖紧，这样可以使滤膜和样品中的水分、湿气充分逸出。

3.7 水样浊度的测定方法

浊度采用浊度计测量，测量原理是采用90°散射光来确定水样的浊度。不同型号仪器使用方法不同，应按照仪器使用说明书进行操作。以本实验所用浊度仪为例介绍仪器参数和使用方法。

仪器测量范围0～100.0NTU，最小示值0.1NTU，线性误差≤2.5%FS；仪器尺寸为272mm×205mm×118mm，质量为1950g。仪器操作条件：工作环境温度5～35℃；相对湿度≤80%；电源电压为220V±22V，频率50Hz；仪器应水平放置在平衡的台面上，有效避开直射强光线；仪器周围应无强烈的振动源及强磁场干扰；周围空气中应无明显的灰尘及腐蚀性气体存在。

仪器使用步骤：

① 打开仪器开关后预热30s。

② 使用不落毛软布或纸巾擦掉试样瓶上的水迹和指印，使试样瓶保持干净。对于难以擦掉的痕迹可用清洁剂辅助擦净，随后用清水冲洗干净。

③ 准备零浊度水及100NTU福尔马肼标准溶液（用400NTU福尔马肼标准溶液稀释）。

④ 使用已清洗的干净容器采集具有代表性的样品。

⑤ 将零浊度水加到试样瓶的刻度线处，旋上瓶盖并擦净瓶体水迹及指印，注意过程中不可用手直接拿瓶体，避免留指印影响测量精度。

⑥ 将装好的零浊度水试样瓶置入试样座，并保证试样瓶的刻度线对准试样座上的定位槽线，然后盖上遮光盖。

⑦ 稍等读数稳定后调节调零旋钮（zero adjust），使之显示为0.0。

⑧ 采用同样方法将校准用的100NTU标准溶液放入试样座，调节校正钮，使之显示为标准值100.0。

⑨ 重复②、③、④步骤，保证零点及校正值正确可靠。

⑩ 将水样装入试样瓶，置入试样座内，等读数稳定后即可记下水样的浊度值。（备注：测量和校准仪器用同一个试样瓶可以避免瓶与瓶之间的差异）

仪器使用过程中需注意以下事项：

① 光电浊度计是光电相结合的精密计量仪器，操作前应仔细阅读说明书并通过正确操作才能获得准确的测量结果。

② 使用环境必须符合工作条件。

③ 测量池内必须长时间保持清洁干燥、无灰尘。

④ 潮湿气候使用时必须相应延长开机时间。

⑤ 被测溶液应沿试样瓶壁小心倒入，防止产生气泡，影响测量准确性。

⑥ 经维修后须重新标定。

⑦ 非专业维修技术人员，请勿打开仪器进行维修。

3.8 臭氧浓度和产量的测定实验

（1）臭氧浓度的测定

① 方法原理。化学碘量法是臭氧浓度测定的一般方法。通过臭氧与碘化钾的氧化还原

反应可以置换出与臭氧等当量的碘。同时利用硫代硫酸钠与碘可以完全反应生成无色碘化钠，再以淀粉作为指示剂，根据硫代硫酸钠的消耗量计算出臭氧浓度。其化学反应方程式如下：

$$O_3+2KI+H_2O\longrightarrow I_2+2KOH+O_2$$

$$I_2+2Na_2S_2O_3\longrightarrow 2NaI+Na_2S_4O_6$$

② 试剂。

a. 20%碘化钾溶液：称 200g 碘化钾溶于 800mL 蒸馏水中。

b. 6mol/L 的 H_2SO_4 溶液：以 $c_1V_1=c_2V_2$ 公式计算配制，或取 96%浓硫酸 167mL，慢慢倒入 833mL 蒸馏水。

c. 0.1000mol/L 的 $Na_2S_2O_3$ 标准溶液。

d. 1%淀粉指示剂：取 1g 淀粉溶解于 100mL 煮沸冷却的蒸馏水中，过滤后备用。

(2) 臭氧浓度测定步骤

① 用量筒量取 20mL 浓度为 20%的碘化钾溶液转移到气体吸收瓶中，随后加入 250mL 蒸馏水摇匀。

② 从取样口通入臭氧化空气，空气的流速由转子流量计控制，读数为 500mL/min。用湿式煤气表计取两个平行气样，每个气样均为 2L。

③ 向装有样品的气体吸收瓶中加 5mL 6mol/L 的 H_2SO_4，摇匀后静置 5min。

④ 使用 0.1000mol/L 的 $Na_2S_2O_3$ 对样品进行滴定，直到溶液呈淡黄色时，加浓度为 1%淀粉指示剂数滴使溶液呈蓝褐色，继续使用 0.1000mol/L 的 $Na_2S_2O_3$ 滴定至无色。记下 $Na_2S_2O_3$ 用量。

(3) 臭氧浓度计算

$$c=\frac{c_2V_2\times 24}{V_1} \tag{3-21}$$

若 c_2 为 0.1000mol/L，则

$$c=\frac{0.1V_2\times 24}{V_1}=1.2V_2 \tag{3-22}$$

式中 c_2——$Na_2S_2O_3$ 的浓度，mol/L；

V_2——滴定用量，mL；

V_1——臭氧取样体积，L；

c——臭氧浓度，mg/L。

(4) 臭氧产量的计算

① 臭氧发生器（或反应塔）进气量计算：

$$Q_N=Q\frac{P_0}{P}\times\frac{T}{T_0} \tag{3-23}$$

式中 Q_N——标准状况下的气体流量，m^3/h；

Q——臭氧发生器实际工况下的气体流量，m^3/h；

P_0、P——标准大气压（101.325kPa）和实际工况下的气体压力，kPa；

T_0、T——273.15K（即 0℃）和实际工况下的气体温度，K。

② 臭氧产量（或投加量）计算：

$$x=cQ_N \tag{3-24}$$

式中 c——臭氧浓度，mg/L；

Q_N——标准状况下的气体流量，m^3/h；

x——臭氧产量（或投加量），g/h。

3.9 色度的测定实验

3.9.1 稀释倍数法

(1) 方法原理

使用光学纯水将废水稀释后，在目视比较下，其与光学纯水相比刚好看不见颜色时所需的稀释倍数即为该样品的色度，单位为倍。

目视观察样品以检验颜色性质：颜色的深浅（无色、浅色或深色）、色调（红、橙、黄、绿、蓝和紫等）、透明度（透明、浑浊或不透明）。通常使用稀释倍数值和文字描述共同表示色度。

(2) 干扰及消除

如测定水样的真色，应将水样放置至澄清后取上清液，或使用离心机将水样离心以去除悬浮物，随后测定真色；如测定水样的表色，需待水样中的大颗粒悬浮物沉降后，取上清液测定。

(3) 试剂

光学纯水：使用在 100mL 蒸馏水或去离子水中浸泡 1h 的 0.2μm 滤膜过滤蒸馏水或去离子水，弃去最初的 250mL 以后的过滤出水用作稀释水。

(4) 仪器

50mL 具塞比色管，规格一致，光学透明，玻璃底部无阴影。

(5) 样品

将样品倒入 250mL（或更大）量筒中，静置 15min，取上层液体作为试料。

(6) 分析步骤

① 准备两个具塞比色管，分别用试料和光学纯水填充至标线。随后将具塞比色管放在白色表面上，比色管应与该表面保持一定角度，使光线被反射，自具塞比色管底部向上通过液柱。垂直向下观察液柱，比较样品和光学纯水，描述样品呈现的色度和色调，尽量描述透明度。

② 使用光学纯水将试料按不同倍数在具塞比色管中逐级稀释。用上述相同的方法将具塞比色管放在白色表面上与光学纯水进行比较。将试料稀释至刚好与光学纯水无法区别为止，记下此时的稀释倍数值。

稀释的方法：试料的色度在 50 倍以上时，将试料吸取到容量瓶中，用光学纯水稀释至标线，选取的稀释比应使稀释后试料色度在 50 倍之内。试料的色度在 50 倍以下时，吸取试料 25mL 于具塞比色管中，用光学纯水稀释至标线，每次稀释倍数为 2。当试料或稀释后试料色度很低时，应将适量试料从具塞比色管中倒入量筒并计量，然后用光学纯水稀释至标线，每次稀释倍数小于 2。记下各次稀释倍数值。另取试料测定 pH 值。

(7) 结果的表示

将各级稀释倍数相乘，所得之积取整数值用来表达样品的色度。同时用文字描述样品的颜色深浅、色调，并且尽可能描述其透明度。在报告样品色度的同时，报告 pH 值。

3.9.2 分光光度法

(1) 实验仪器和试剂

仪器设备：分光光度计；比色管，50mL 双刻度具塞比色管；3cm 比色皿；容量瓶等实验室常用器皿。

试剂：除特别说明外，测定中使用光学纯水及分析纯试剂。

(2) 实验步骤

① 制备光学纯水。准备细菌学研究中采用的 0.2μm 滤膜，在 100mL 二次蒸馏水或去离子水中浸泡 1h，用它过滤蒸馏水或去离子水，弃去最初的 250mL，之后的过滤出水为光学纯水，用光学纯水配制全部标准溶液并作为稀释水。

② 配制标准溶液。

a. 配制色度标准贮备液。500 度色度标准贮备液：将 (1.245±0.001)g 六氯铂酸钾 (K_2PtCl_6) 及 (1.000±0.001)g 六水氯化钴 ($CoCl_2 \cdot 6H_2O$) 溶于约 500mL 水中，随后加 (100±1)mL 盐酸 (ρ=1.18g/mL) 并转入 1000mL 的容量瓶内用水稀释至刻度。将溶液倒进无色、密封的玻璃试剂瓶中，试剂瓶须存放在暗处且温度不能超过 30℃。该溶液可以稳定保存 6 个月以上。

b. 配制色度系列标准溶液。准备多个 500mL 的容量瓶，分别用移液管加入 1.0mL、2.0mL、3.0mL、4.0mL、5.0mL、10.0mL、20.0mL、30.0mL、40.0mL 及 70.0mL 贮备液，用纯水稀释至标线。溶液色度分别为 1 度、2 度、3 度、4 度、5 度、10 度、20 度、30 度、40 度、70 度。使用密闭性好的无色玻璃瓶保存溶液，玻璃瓶须存放于暗处。如果温度在 30℃以下，溶液可稳定保存 1 个月。

③ 分光光度计波长的选择。被测水样的色度是通过与作为标准色系列的已知色度进行比较而求得的相对值。借助分光光度计的响应值，用已知的标准色系列确定色度与吸光度之间的关系。为此，需要选择光度计对黄色调溶液吸光敏感的测定波长，使色度与吸光度之间呈线性关系，并尽可能使直线不偏离“O”点。波长的选择需要进行多次实验。使用 3cm 比色皿在不同波长进行实验，比较实验结果的离散性，最后确定分光光度法测定色度的最佳波长。

④ 绘制标准曲线。使用分光光度计，在光路中使用深紫色滤光片。以光学纯水作参比，用 3cm 比色皿测量标准色阶在波长 339nm 处的吸光度。以色度为横坐标、吸光度为纵坐标绘制标准曲线，要求所得曲线的线性相关系数在 0.9999 以上。

⑤ 取用水样。取 50mL 透明的水样于 50mL 比色管中，如果水样色度过高需要用光学纯水进行稀释后比色，由标准曲线查得色度，并将结果乘以稀释倍数。浑浊的水样需要先离心再取上清液测定。

⑥ 水样稀释色度准确性测定实验。取未知色度的污水样，按 $1/2^n$ 方式进行稀释，测定稀释后样品的吸光度，并确定稀释倍数与吸光度之间的线性关系。

3.10 COD_{Cr} 浓度测定方法（HACH 测定仪法）

(1) 仪器及试剂

仪器：COD 测定仪、消解仪。

试剂：待测水样，移液器 1mL、5mL，试管架，COD 试剂，蒸馏水。

（2）操作步骤

不同型号仪器使用方法不同，应按照仪器使用说明书进行操作。参考操作步骤如下：

① 打开多功能消解仪以后进行预热，预热结束后选择“COD消解模式”。

② 根据合适量程选择预制试剂，将其中一支作为空白样，选择与待测水样相同数量的预制试剂作为待测样，将其置于试管架上。

③ 准确移取2mL纯净水加入盛有3mL消解液的预制试剂的试管制成空白样（使用移液管时需要贴壁且不能深入试管口太深，以防带出试管内的颗粒或液体）。

④ 按步骤③的方法移取2mL待测水样加入其他预制试剂的试管，每支预制试剂对应一个水样。

⑤ 拧紧管盖并上下摇晃试管，使试管底部的沉淀物呈悬浮状态与水样充分接触（此时试管内试剂会发生放热反应，注意手持瓶盖部位以防烫伤）。

⑥ 消解仪温度上升至165℃后，依次放入标记好的空白样和待测样，加热消解2h。

⑦ 消解结束后手拿管盖取出试管（消解仪内温度较高，应戴手套拿取），放入消解管架中置于通风处进行冷却，待试管降至室温左右进行测定。

⑧ 打开水质测定仪并按要求进行预热，选择相应的方法或波长进行测量。直接选择COD选项，并根据COD范围选择合适的量程。

⑨ 取出冷却好的试管样，用擦镜布或无毛屑的软纸擦干净试管外壁，放入水质检测仪内进行比色操作。

⑩ 先放入空白样，按空白进行调零操作。

⑪ 依次放入待测样，按检测直接读取COD浓度（mg/L），其间无须拧开瓶盖，必须保证液面中间为澄清状态，如有絮状沉淀应待沉淀完全沉下或采用离心操作，否则读数偏差较大。

（3）注意事项

① 试剂中含有毒、腐蚀性物质，注意实验安全，不可直接接触试剂。

② 保存时密闭包装盒，以避免样品管受光，在阴凉暗处储存。

③ 妥善放置或处理废弃试管（试管中含有毒、有害废液，可将废液倒入废液桶中集中处理，试管交由危废公司处理）。

3.11 氨氮、硝态氮、亚硝态氮的测定方法

3.11.1 氨氮的测定

（1）试剂

① 纳氏试剂：称取16g氢氧化钠，溶于50mL水中，充分冷却至室温；另称取7g碘化钾和10g碘化汞溶于水，然后将此溶液在搅拌下缓慢注入氢氧化钠溶液中，用水稀释至100mL，贮于聚乙烯瓶中，密塞保存。

② 酒石酸钾钠溶液：称取50g酒石酸钾钠（$KNaC_4H_4O_6 \cdot 4H_2O$）溶于100mL水中，加热煮沸以除去氨，放冷，定容至100mL。

③ 铵标准贮备液：称取3.819g经100℃干燥过的优级纯氯化铵（NH_4Cl）溶于水中，移入1000mL容量瓶中，稀释至标线。此溶液每毫升含1.00mg氨氮。

④ 铵标准使用液：移取5.00mL铵标准贮备液至500mL容量瓶中，用水稀释至标线。

此溶液每毫升含0.010mg氨氮。

（2）实验步骤

① 标准曲线的绘制。

a. 吸取0、0.50、1.00、3.00、5.00、7.00和10.00mL铵标准使用液于50mL比色管中，加蒸馏水定容至标线，加1.00mL $NaKC_4H_4O_6$溶液后摇匀。待加1.50mL纳氏试剂后再次混匀，并静置10min，最后在420nm波长处，以水为参比，用光程20mm比色皿，测量吸光度。

b. 以零浓度空白参比测定吸光度，得到样品校正后的吸光度，绘制氨氮含量（mg）和校正吸光度的标准曲线。

② 水样的测定。

a. 取适量水样，用絮凝沉淀进行预处理（使氨氮≤0.1mg），将其加入50mL比色管，加蒸馏水至标线，加1.00mL $NaKC_4H_4O_6$溶液，按照上述标准曲线绘制步骤测定吸光度。

b. 取适量水样进行蒸馏处理，向50mL比色管中加入适量馏出液，并用1mol/L氢氧化钠溶液中和硼酸，稀释至标线。加1.50mL纳氏试剂后混匀，并静置10min，最后按照标准曲线绘制步骤测量吸光度。

（3）计算

由水样测得的吸光度减去空白实验的吸光度后，从标准曲线上查得氨氮质量（mg）。

$$氨氮浓度=m/V\times1000$$

式中　m——由标准曲线上查得的氨氮质量，mg；

V——水样的体积，mL。

3.11.2 硝态氮的测定

（1）试剂

实验用水应为无硝酸盐水。

① 酚二磺酸：称取25g苯酚（C_6H_5OH）置于500mL锥形瓶中，用150mL浓硫酸溶解，再加75mL发烟硫酸［含13%三氧化硫（SO_3）］，充分混合；用小漏斗插入锥形瓶口，并小心置于沸水浴中加热2h，最后得淡棕色稠液贮于密塞棕色瓶。

注：a. 当苯酚色泽变深时，应进行蒸馏精制；

b. 市售发烟硫酸含SO_3超过13%，应以浓硫酸稀释至13%；

c. 无发烟硫酸时，可用浓硫酸代替，但为了反应充分，应增加沸水浴时间至6h。制备得到的试剂应注意防潮吸湿，以免随着硫酸浓度的降低，影响硝基化反应的进行，使测定结果偏低。

② 氨水。

③ 硝酸盐标准贮备液：称取经105～110℃干燥2h的优级纯硝酸钾（KNO_3）0.7218g，用蒸馏水溶解，定容至1000mL的容量瓶中。加2mL $CHCl_3$作保存剂，混匀，至少可稳定6个月。该标准贮备液每毫升含0.100mg硝酸盐氮。

④ 硝酸盐标准使用液：吸取50.0mL硝酸盐标准贮备液置于蒸发皿内，加0.1mol/L氢氧化钠溶液调至pH=8，在水浴上蒸发至干；加2mL酚二磺酸，用玻璃棒研磨蒸发皿内壁，使残渣与试剂充分接触，放置片刻，重复研磨一次，放置10min，加入少量水，移入500mL容量瓶中，稀释至标线，混匀；贮于棕色瓶中，此溶液至少可稳定6个月。该标准

使用液每毫升含 0.010mg 硝酸盐氮。

⑤ 硫酸银溶液：称取 4.397g 硫酸银（Ag_2SO_4）溶于水，定容至 1000mL 的容量瓶中。1.00mL 此溶液可去除 1.00mg 氯离子（Cl^-）。

⑥ 氢氧化铝悬浮液：溶解 125g 硫酸铝钾 [$KAl(SO_4)_2 \cdot 12H_2O$] 或硫酸铝铵 [$NH_4Al(SO_4)_2 \cdot 12H_2O$] 于 1000mL 水中，加热至 60℃，在不断搅拌下，缓慢加入 55mL 浓氨水，放置约 1h 后，移入 1000mL 量筒内，用水反复洗涤沉淀至洗涤液中不含亚硝酸盐为止；澄清后，把上清液尽量全部倾出，只留稠的悬浮物，最后加入 100mL 水，使用前应振荡均匀。

⑦ 高锰酸钾溶液：称取 3.160g 高锰酸钾溶于水，稀释至 1L。

（2）实验步骤

① 标准曲线的绘制。用移液管分别加入硝酸盐标准使用液 0、0.10、0.30、0.50、0.70、1.00、5.00、7.00、10.0mL（含硝酸盐氮 0、0.001、0.003、0.005、0.007、0.010、0.030、0.050、0.070、0.100mg）于一组 50mL 比色管中，加水至约 40mL，加 3mL 氨水使之呈碱性，稀释至标线后混匀。在波长 410nm 处，以水为参比，以 10mm 或 30mm 比色皿测量吸光度。由测得的吸光度值减去零浓度比色皿的吸光度值，分别绘制不同比色皿光程长的吸光度对硝酸盐氮含量（mg）的标准曲线。

② 水样的测定。

a. 水样浑浊或带色时，取 100mL 水样于具塞比色管中，加入 2mL $Al(OH)_3$ 悬浮液，密塞振摇，静置数分钟后，过滤，弃去 20mL 初滤液。

b. 氯离子的去除：取 100mL 水样移入具塞比色管中，根据已测定的氯离子含量，加入相当量的硫酸银溶液，充分混合。在暗处放置 0.5h，使氯化银沉淀凝聚，然后用滤纸缓慢过滤，弃去 20mL 初滤液。

注：(a) 如不能获得澄清滤液，可将已加硫酸银溶液后的试样在近 80℃的水浴中加热，并用力振荡使沉淀充分凝聚，冷却后再过滤；

(b) 如同时需去除带色物质，则可在加入硫酸银溶液并混匀后，再加入 2mL 氢氧化铝悬浮液，充分振摇，放置片刻后沉淀过滤。

c. 亚硝酸盐的干扰：当亚硝酸盐氮含量超过 0.2mg/L 时，可取 100mL 水加 1mL 0.5mol/L 硫酸，混匀后滴加高锰酸钾溶液至淡红色保持 15min 不褪为止，使亚硝酸盐氧化为硝酸盐，最后从硝酸盐氮测定结果中减去亚硝酸盐氮量。

d. 测定：取 50.0mL 经预处理的水样于蒸发皿中，用 pH 试纸检查，必要时用 0.5mol/L 硫酸或 0.1mol/L 氢氧化钠溶液调至约 pH=8，置水浴上蒸发至干；加 1.0mL 酚二磺酸，用玻璃棒研磨，使试剂与蒸发皿内残渣充分接触，静置片刻，再研磨一次，放置 10min，加入约 10mL 水。

在搅拌下加入 3～4mL 氨水，使溶液呈现最深的颜色。如有沉淀，则过滤。将溶液移入 50mL 比色管中，稀释至标线，摇匀。在波长 410nm 处，选用 10mm 或 30mm 比色皿，以水为参比，测量吸光度。

注：(a) 如果吸光度值超出标准曲线范围，可将显色溶液用水进行定量稀释，然后再测量吸光度，计算时乘以稀释倍数；

(b) 当吸光度较低，水样硝酸盐氮浓度低于 1mg/L 时，应考虑分取少量硝酸盐标准贮备液，分取 50.0mL 浓度为 0.20、0.40、0.80、1.00、1.20mg/L 的溶液，经蒸发、硝基化、显色等操作后，测量吸光度，绘制标准曲线。

(3) 计算

$$硝酸盐氮浓度 = m/V \times 1000$$

式中 m——从标准曲线上查得的硝酸盐氮质量，mg；

V——分取水样体积，mL。

去除氯离子的水样，按下式计算：

$$硝酸盐氮浓度 = m/V \times 1000 \times (V_1 + V_2)/V_1$$

式中 V_1——水样体积，mL；

V_2——硫酸银溶液加入量，mL。

3.11.3 亚硝态氮的测定

(1) 试剂

实验用水均为不含亚硝酸盐的水。

① 无亚硝酸盐的水。加入少许高锰酸钾晶体于蒸馏水中，颜色呈红色，再加氢氧化钡（或氢氧化钙）使溶液呈碱性。置于玻璃蒸馏器中蒸馏，弃去50mL初馏液，收集中间约70%不含锰的馏出液。亦可在每升蒸馏水中加1mL浓硫酸和0.2mL硫酸锰溶液（每100mL水中含36.4g $MnSO_4 \cdot H_2O$），加入1～3mL 0.04%高锰酸钾溶液至呈红色，重蒸馏。

② 磷酸：$\rho = 1.70g/mL$。

③ 显色剂：在500mL烧杯内，加入250mL水和150mL磷酸，加入20.0g对氨基苯磺酰胺，再将1.00g N-(1-萘基)-乙二胺盐酸盐溶于上述溶液中，转移至500mL容量瓶中，用水稀释至标线，混匀。

④ 亚硝酸盐氮标准贮备液：称取1.232g亚硝酸钠（$NaNO_2$）溶于150mL水中，转移至1000mL容量瓶中，用水稀释至标线。每毫升含约0.25mg亚硝酸盐氮。

⑤ 亚硝酸盐氮标准中间液：分取50.00mL亚硝酸盐标准贮备液（含12.5mg亚硝酸盐氮），置于250mL容量瓶中，用水稀释至标线。此溶液每毫升含50.0μg亚硝酸盐氮。

⑥ 亚硝酸盐氮标准使用液：取10.00mL亚硝酸盐标准中间液，置于500mL容量瓶中，用水稀释至标线。每毫升含1.00μg亚硝酸盐氮。此溶液使用时，当天配制。

⑦ 氢氧化铝悬浮液：溶解125g硫酸铝钾［$KAl(SO_4)_2 \cdot 12H_2O$］或硫酸铝铵［$NH_4Al(SO_4)_2 \cdot 12H_2O$］于1000mL水中，加热至60℃，在不断搅拌下，缓慢加入55mL浓氨水，放置约1h后，移入1000mL量筒内，用水反复洗涤沉淀，最后至洗涤液中不含亚硝酸盐为止。澄清后，把上清液尽量全部倾出，只留稠的悬浮物，最后加入100mL水，使用前应振荡均匀。

⑧ 0.050mol/L（$1/5KMnO_4$）高锰酸钾标准溶液：溶解1.6g高锰酸钾于1200mL水中，煮沸0.5～1h，使体积减小到1000mL左右，放置过夜。用G-3号玻璃砂芯滤器过滤后，滤液贮存于棕色试剂瓶中避光保存。

⑨ 0.0500mol/L（$1/2Na_2C_2O_4$）草酸钠标准溶液：将105℃烘干2h的优级纯无水草酸钠3.350g溶解于750mL水中，移入1000mL容量瓶中，稀释至标线。

(2) 实验步骤

① 标准曲线的绘制。在一组6支50mL比色管中，分别加入0.00mL、1.00mL、

3.00mL、5.00mL、7.00mL 和 10.0mL 亚硝酸盐氮标准使用液，用水稀释至标线。加入 1.0mL 显色剂，密塞混匀。静置 20min 后，在 2h 以内，用光程长 10mm 的比色皿，以水为参比，测定 540nm 波长处的吸光度。用测得的吸光度减去零浓度空白管的吸光度，获得校正吸光度，绘制氮含量（μg）和校正吸光度的标准曲线。

② 水样的测定。当水样 pH≥11 时，可加入 1 滴酚酞指示液，边搅拌边逐滴加入（1+9）磷酸溶液至红色刚消失。

若水样有颜色和悬浮物，可向每 100mL 水中加入 2mL 氢氧化铝悬浮液，搅拌、静置、过滤，弃去 25mL 初滤液。

分取经预处理的水样于 50mL 比色管中（如含量较高，则取适量，用水稀释至标线），加 1.0mL 显色剂，然后按标准曲线绘制的相同步骤操作，测量吸光度。经空白校正后，从标准曲线上查得亚硝酸盐氮量。

③ 空白实验。用水代替水样，按相同步骤进行测定。

（3）计算

$$亚硝酸盐氮浓度=m/V$$

式中 m——根据水样测得的校正吸光度，从标准曲线上查得相应的亚硝酸盐氮的含量，mg；

V——水样的体积，mL。

3.12 污泥比阻的测定实验

污泥按来源可分为初沉污泥、剩余污泥、腐殖污泥、消化污泥和化学污泥。按性质又可分为有机污泥和无机污泥。污泥的组成和性质不同，污泥的脱水性能也各不相同。为了评价和比较各种污泥脱水性能的优劣，也为了确定污泥机械脱水前加药调理的投药量，常常需要通过实验来测定污泥脱水性能的指标——比阻（也称比阻抗）。

（1）实验原理

污泥比阻是表示污泥过滤特性的综合性指标，它的物理意义是单位质量的污泥在一定压力下过滤时在单位过滤面积上的阻力。求此值的作用是比较不同污泥（或同一污泥加入不同量的混凝剂后）的过滤性能。污泥比阻愈大，过滤性能愈差。

过滤时滤液体积 V（mL）与推动力 p（过滤时的压降，g/cm^2）、过滤面积 F（cm^2）、过滤时间 t（s）成正比，与过滤阻力 R（cm·s^2/mL）、滤液黏度 μ［g/(cm·s)］成反比。

$$V=\frac{pFt}{\mu R} \tag{3-25}$$

过滤阻力包括滤渣阻力 R_z 和过滤隔层阻力 R_g。阻力随滤渣层的厚度增加而增大，过滤速度减小，因此将式（3-25）改写成微分形式。

$$\frac{dV}{dt}=\frac{pF}{\mu(R_z+R_g)} \tag{3-26}$$

由于 R_g 比 R_z 相对较小，为简化计算，姑且忽略不计。

$$\frac{dV}{dt}=\frac{pF}{\mu\alpha'\delta}=\frac{pF}{\mu\alpha\dfrac{C'V}{F}} \tag{3-27}$$

式中 α'——单位体积污泥的比阻；

δ——滤渣厚度；

C'——获得单位体积滤液所得的滤渣体积。

若以滤渣干重代替滤渣体积，单位质量污泥的比阻代替单位体积污泥的比阻，则式（3-27）可改写为

$$\frac{dV}{dt}=\frac{pF^2}{\mu\alpha CV} \tag{3-28}$$

式中，α 为污泥比阻，在 CGS 单位制中，其量纲为 s^2/g，在工程单位制中其量纲为 cm/g；C 为获得单位体积滤液所得的滤渣质量，g/cm^3。

在定压下，在积分界线由 0 到 t 及 0 到 V 内对式（3-28）积分，可得

$$\frac{t}{V}=\frac{\mu\alpha C}{2pF^2}V \tag{3-29}$$

式（3-29）说明在定压下过滤，t/V 与 V 呈线性关系，其斜率为：

$$b=\frac{t/V}{V}=\frac{\mu\alpha C}{2pF^2}$$

$$\alpha=\frac{2pF^2}{\mu}\times\frac{b}{C}=K\frac{b}{C} \tag{3-30}$$

因此，为求得污泥比阻，需要在实验条件下求出 b 和 C。

b 可在定压下（真空度保持不变）通过测定一系列的 t、V 数据，用图解法求斜率，图解法求 b 示意图见图 3-9。

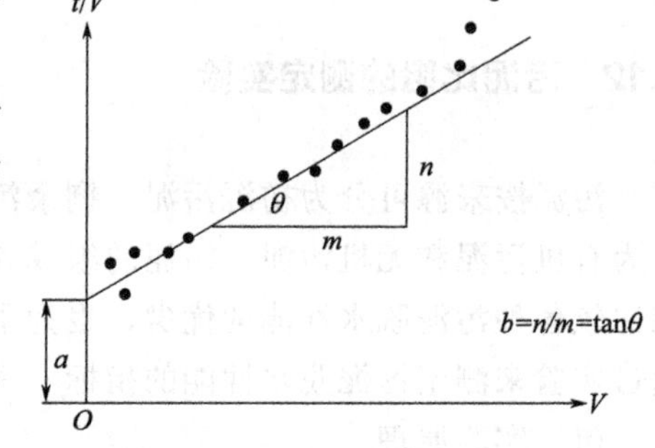

图 3-9 图解法求 b 示意图

根据所设定义可得：

$$C=\frac{(Q_0-Q_y)C_d}{Q_y} \tag{3-31}$$

式中 Q_0——污泥量，mL；

Q_y——滤液量，mL；

C_d——滤饼中固体浓度，g/mL。

根据液体平衡：$Q_0=Q_y+Q_d$。

根据固体平衡：$Q_0C_0=Q_yC_y+Q_dC_d$。

式中 C_0——原污泥固体浓度，g/mL；

C_y——滤液固体物浓度，g/mL；

Q_d——滤饼污泥固体量，mL。

可得

$$Q_y=\frac{Q_0(C_0-C_d)}{C_y-C_d} \tag{3-32}$$

将式（3-32）代入式（3-31），化简后得

$$C=\frac{C_dC_0}{C_d-C_0} \tag{3-33}$$

一般认为比阻在 $10^9\sim10^{10}\ s^2/g$ 的污泥算作难过滤的污泥，比阻在 $(0.5\sim0.9)\times10^9\ s^2/g$ 的污泥算作中等，比阻小于 $0.4\times10^9\ s^2/g$ 的污泥容易过滤。

投加混凝剂可以改善污泥的脱水性能，使污泥的比阻减小。对于无机混凝剂如 $FeCl_3$、$Al_2(SO_4)_3$ 等的投加量，一般为污泥干质量的5%～10%；高分子混凝剂如聚丙烯酰胺、碱式氯化铝等，投加量一般为干污泥质量的1%。

(2) 实验设备与试剂

① 实验装置。比阻实验装置见图3-10。

② 实验材料与设备。秒表、滤纸、烘箱、$FeCl_3$、$Al_2(SO_4)_3$、布氏漏斗。

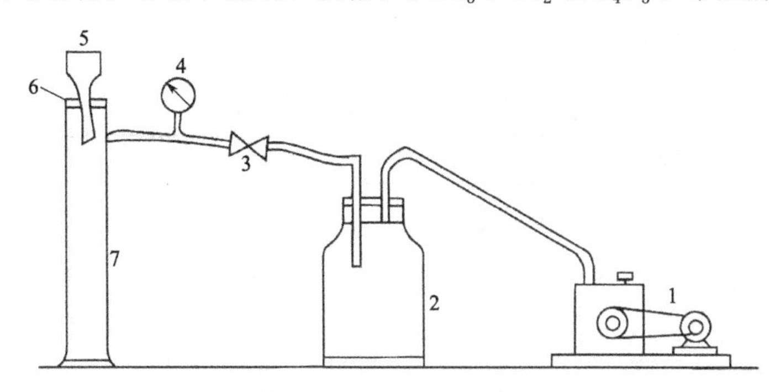

图3-10 比阻实验装置图

1—真空泵；2—吸滤瓶；3—真空调节阀；4—真空表；5—布氏漏斗；6—吸滤垫；7—计量管

(3) 实验步骤

① 测定污泥的含水率，求出其固体浓度 C_0。

② 配制浓度均为10g/L的 $FeCl_3$ 溶液和 $Al_2(SO_4)_3$ 溶液。

③ 用 $FeCl_3$ 混凝剂调节污泥（每组加一种混凝剂量），加入量分别为干污泥质量的0%（不加混凝剂）、2%、4%、6%、8%、10%。

④ 在布氏漏斗上（直径65～80mm）放置滤纸，用水湿润，贴近周底。

⑤ 开动真空泵，调节真空压力，大约比实验压力小1/3（实验时真空压力采用35.46kPa或70.93kPa），关掉真空泵。

⑥ 加入100mL实验污泥于布氏漏斗中，开动真空泵，调节真空压力至实验压力；达到此压力后，开始启动秒表，并记下开动时计量管内的滤液体积 V_0。

⑦ 每隔一定时间（开始过滤时可每隔10s或15s，滤速减慢后可隔30s或60s）记下计量管内相应的滤液量。

⑧ 一直过滤至真空破坏，如真空长时间不破坏，则过滤20min后即可停止。

⑨ 关闭阀门取下滤饼放入称量瓶内称重。

⑩ 称重后的滤饼于105℃的烘箱内烘干称重。

⑪ 计算出滤饼的含水率、固体浓度，从而求出单位体积滤液的固体量 C。

⑫ 改变混凝剂投加种类为 $Al_2(SO_4)_3$，每组的投加量与 $FeCl_3$ 投加量相同，按步骤②～⑪分别进行实验。

(4) 注意事项：

① 检查防止计量管与布氏漏斗之间漏气。

② 滤纸烘干称重后，滤纸一定要贴紧布氏漏斗，先用蒸馏水湿润，而后再用真空泵抽吸一下，防止漏气。

③ 污泥倒入布氏漏斗内有部分滤液流入计量筒，所以正常开始实验时，应记录量筒内滤液体积 V_0。

④ 污泥中加混凝剂后应充分混合。

⑤ 在整个过滤过程中，保证真空度始终一致。

（5）实验结果整理

① 测定并记录实验基本参数。原污泥含水率________%，固体浓度 C_0________g/mL，实验真空度________mmHg，不加混凝剂滤饼的含水率________%，加混凝剂滤饼的含水率________%。

② 布氏漏斗实验数据记录见表 3-10。

表 3-10　布氏漏斗实验数据记录

时间 t/s	计量管内滤液量 V_n/mL	滤液量 $V=V_n-V_0$/mL	t/V/(s/mL)	备注
0	V_0			

③ 以 t/V 为纵坐标、V 为横坐标作图，求 b。

④ 根据原污泥的含水率及滤饼的含水率求出 C。

⑤ 列表计算比阻值 α（见表 3-11）。

表 3-11　比阻值计算表

污泥含水率/%	污泥固体浓度/(g/cm³)	混凝剂用量/%	$\tan\theta=n/m=b$/(s/cm⁶)	$k=\dfrac{2pF^2}{\mu}$						皿+滤纸质量/g	皿+滤纸滤饼湿重/g	皿+滤纸滤饼干重/g	滤饼含水率/%	单位面积滤液固体量 C/(g/cm³)	比阻值 α/(s²/g)
				布氏漏斗 d/cm	过滤面积 F/cm²	面积平方 F^2/cm⁴	滤液黏度/[μg/(cm·s)]	真空压力 p/(g/cm²)	K 值/(s·cm³)						

⑥ 以比阻为纵坐标、混凝剂投加量为横坐标作图求出最佳投加量。

3.13　废水可生化性测定实验（瓦呼仪法）

（1）原理

微生物处于内源呼吸阶段时，耗氧的速率基本上恒定不变。当微生物处于含有有机物的环境中时，微生物的呼吸耗氧特性可以体现出有机物被氧化分解的规律，一般来说，当微生物耗氧量大、耗氧速率高时可以说明环境中的有机物易被微生物降解，反之环境中的有机物难以被生物降解。

内源呼吸线及生化呼吸线可以通过测定不同时间的内源呼吸耗氧量及与有机物接触后的生化呼吸耗氧量来绘制，通过比较即可判定废水的可生化性。

当生化呼吸线位于内源呼吸线之上时说明废水中的有机物具有被微生物氧化分解的潜力；当生化呼吸线与内源呼吸线重合时，则说明有机物可能不能被微生物降解，但同时可以说明该有机物对微生物的生命活动无抑制作用；当生化呼吸线位于内源呼吸线之下时，则说明有机物对微生物的生命活动产生了明显的抑制作用，有机物难以被生物降解。

瓦呼仪的工作原理：在恒温及不断搅拌的条件下，使一定量的菌种与废水定容加入反应瓶中进行反应，反应产生的 CO_2 被 KOH 溶液吸收，因此，微生物生命活动的耗氧过程将使反应瓶中氧分压降低，通过测定氧分压的变化，即可推算出反应前后微生物消耗的氧量。

（2）实验设备

瓦呼仪 1 台，离心机 1 台，活性污泥培养及驯化装置 1 套，测酚装置 1 套。

（3）实验步骤

① 活性污泥的培养、驯化及预处理。

a. 取已建污水厂活性污泥或带菌土壤为菌种，与含酚合成废水同时加入间歇式培养瓶中，不断曝气并搅拌保证溶解氧在一定范围内，用以培养活性污泥。

b. 每天停止曝气 1h，待沉淀后去除上清液，加入新鲜含酚合成废水后继续曝气培养，在培养的过程中逐步提高酚的浓度以达到驯化活性污泥的目的。

c. 当活性污泥培养到具有一定浓度，且对酚具有较高的去除能力后，停止投加含酚废水，空曝 24h，使活性污泥处于内源呼吸阶段。

d. 取一定量上述活性污泥在 3000r/min 的离心机上离心 10min，弃去上清液，加入蒸馏水洗涤，在电磁搅拌器上搅拌均匀后再离心，反复三次，用 pH＝7 的磷酸盐缓冲液稀释，配制成所需浓度的活性污泥悬浮液。

② 含酚合成废水的配制。含酚废水组成见表 3-12，按照表 3-12 配制含酚废水。

表 3-12　含酚废水组成　　单位：mg/L

苯酚	75	150	450	750	1500
硫酸铵	22	44	130	217	435
K_2HPO_4	5	10	30	51	102
$NaHCO_3$	75	150	450	750	1500
$FeCl_3$	10	10	10	10	10

③ 取清洁干燥的反应瓶及测压管 14 套，测压管中装好 Brodie 溶液备用，反应瓶中溶液组成见表 3-13，在反应瓶中按表 3-13 加入各种溶液。

（4）注意事项

① 中央小杯中需要先加入 10%KOH 溶液，并将折成皱折状的滤纸放在杯口，以扩大对 CO_2 的吸收面积，但不得使 KOH 溢出中央小杯之外。

② 应将活性污泥悬浮液及合成废水快速加入各反应瓶，使各反应瓶中开始反应的时间不致相差太多。

表 3-13 反应瓶中溶液组成

反应瓶编号	反应瓶内液体体积/mL							KOH 溶液体积/mL	液体总体积/mL	备注
	蒸馏水	活性污泥悬浮液	苯酚废水浓度/(mg/L)							
			75	150	450	750	1500			
1、2	3							0.2	3.2	温度压力对照
3、4	2	1						0.2	3.2	内源呼吸
5、6		1	2					0.2	3.2	
7、8		1		2				0.2	3.2	
9、10		1			2			0.2	3.2	
11、12		1	2			2		0.2	3.2	
13、14		1	2	2			2	0.2	3.2	

③ 在测压管磨砂接头上涂上羊毛脂，塞入反应瓶瓶口，用牛皮筋拉紧使之密封，然后放入瓦呼仪的恒温水槽中（水温预先调好至 20℃）使测压管闭管与大气相通，振摇 5min，使反应瓶内温度与水浴一致。

④ 调节各测压管闭管中检压液的液面至 150mm 刻度处然后迅速关闭各管顶部的三通，使之与大气隔断，记录各测压管中检压液液面读数（此值应在 150mm 附近），再开启瓦呼仪振摇开关，此时刻为呼吸耗氧实验的开始时刻。

⑤ 在开始实验后的 0h、0.25h、1.0h、2.0h、3.0h、4.0h、5.0h、6.0h，关闭振摇开关，调整各测压管闭管液面至 150mm 处，并记录开管液面读数。

注意：读数及记录操作应尽可能迅速，作为温度及压力对照的 1、2 两瓶应分别在第一个及最后一个读数，以修正操作时间的影响（即从测压管 2 开始读数，然后 3、4、5……最后是测压管 1）。读数、记录全部操作完成后即迅速开启振摇开关，使实验继续进行，待测压管读数降至 50mm 以下时，须开启闭管顶部三通放气，再将闭管液位调至 150mm，并记录此时开管液位高度。

⑥ 停止实验后，取下反应瓶及测压管，擦净瓶口及磨塞上的羊毛脂，倒去反应瓶中的液体，用清水冲洗后置于肥皂水中浸泡，再用清水冲洗后以洗液浸泡过夜，洗净后置于 55℃烘箱内烘干后待用。

（5）实验结果的计算与分析

① 根据实验中记录下的测压管读数（液面高度）计算耗氧量。主要计算公式为：

$$\Delta h_i = \Delta h'_i - \Delta h \tag{3-34}$$

式中 Δh_i——各测压管计算的 Brodie 溶液液面高度变化值，mm；

Δh——温度压力对照管中 Brodie 溶液液面高度变化值，mm；

$\Delta h'_i$——各测压管实验的 Brodie 溶液液面高度变化值，mm。

$$X'_i = K_i \Delta h_i \text{ 或 } X_i = 1.429 K_i \Delta h_i \tag{3-35}$$

式中 X'_i、X_i——各反应瓶不同时间的耗氧量，μL、μg；

K_i——各反应瓶的体积常数，由教师事先测得；

1.429——氧的容重，g/L。

$$G_i = \frac{X_i}{S_i} \tag{3-36}$$

式中 G_i——各反应瓶不同时刻单位质量活性污泥的耗氧量，mg/g；

X_i——同式（3-35）；

S_i——各反应瓶中的活性污泥质量，mg。

② 上述计算宜列表进行。

③ 以时间为横坐标、G_i 为纵坐标，绘制内源呼吸线及不同含酚浓度合成废水的生化呼吸线，进行比较分析含酚浓度对生化呼吸过程的影响及生化处理可允许的含酚浓度。

3.14 水中溶解氧浓度的测定实验（碘量法）

（1）实验原理

碘量法测定溶解氧的原理：将硫酸锰及碱性碘化钾溶液同时加入水中，反应会生成氢氧化锰沉淀；由于刚生成的氢氧化锰性质极不稳定，会迅速与水中溶解氧化合生成锰酸锰。

$$MnSO_4 + 2NaOH \longrightarrow Mn(OH)_2 \downarrow (白色) + Na_2SO_4$$

$$2Mn(OH)_2 + O_2 \longrightarrow 2MnO(OH)_2 (棕色)$$

$$H_2MnO_3 + Mn(OH)_2 \longrightarrow MnMnO_3 \downarrow (棕色) + 2H_2O$$

加入浓硫酸使棕色沉淀（$MnMnO_3$）与溶液中所加入的碘化钾发生反应生成碘，析出碘的含量与水中溶解氧的含量有关，水中溶解氧越多，反应生成的碘越多，同时溶液的颜色越深。随后取一定量反应完毕的水样，以淀粉作指示剂，用标准溶液滴定，进而计算出水样中溶解氧的含量。

$$2KI + H_2SO_4 \longrightarrow 2HI + K_2SO_4$$

$$Mn_2O_3 + 2H_2SO_4 + 2HI \longrightarrow 2MnSO_4 + I_2 + 3H_2O$$

$$I_2 + 2Na_2S_2O_3 \longrightarrow 2NaI + Na_2S_4O_6$$

（2）仪器

① 250～300mL 溶解氧瓶；

② 50mL 酸式滴定管；

③ 250mL 锥形瓶；

④ 移液管；

⑤ 250mL 碘量瓶。

（3）试剂

① 硫酸锰溶液：将 480g 分析纯硫酸锰（$MnSO_4 \cdot 4H_2O$）溶于蒸馏水中，过滤后稀释成 1000mL。将此溶液加至酸化过的碘化钾溶液中，遇淀粉不产生蓝色。

② 碱性碘化钾溶液：称取 500g 氢氧化钠溶解于 300～400mL 蒸馏水中；称取 150g 碘化钾溶解于 200mL 蒸馏水中；待氢氧化钠冷却后，将两种溶液合并、混匀，用水稀释至 1000mL。如有沉淀，则放置过夜后，倾出上层清液，贮于棕色瓶中，用橡皮塞塞紧，避光保存。此溶液酸化后，遇淀粉应不呈蓝色。

③ 1%淀粉溶液：称取 1g 可溶性淀粉，用少量水调成糊状，再用刚刚煮沸的水稀释至 100mL，冷却后加入 0.1g 水杨酸或 0.4g 氯化锌（$ZnCl_2$）防腐剂。

④ 硫代硫酸钠标准溶液（0.0250mol/L）：溶解 6.2g 分析纯硫代硫酸钠（$Na_2S_2O_3 \cdot 5H_2O$）于煮沸放冷的蒸馏水中，然后加入 0.2g 无水碳酸钠，用水稀释至 1000mL，贮于棕色瓶中，使用前用 0.0250mol/L 重铬酸钾标准溶液标定。

(4) 实验步骤

① 水样采集。水样需使用溶解氧瓶采集。在采集之前先用待采集水样冲洗溶解氧瓶，之后沿瓶壁直接倾注水样或用虹吸法收集水样进入溶解氧瓶底部，注入水样至水向外溢流瓶容积的1/3～1/2（持续10s左右）。

② 水样测定。

a. 溶解氧的固定：使用移液管向溶解氧瓶中加入1mL硫酸锰溶液和2mL碱性碘化钾溶液，加入的过程中移液管需插入溶解氧瓶的液面下；随后盖好瓶盖，颠倒混匀，静置。

b. 溶解：用移液管吸取2.0mL硫酸，打开瓶塞，立即将移液管插入液面下加入硫酸，盖好瓶塞，颠倒混匀直至沉淀物全部溶解，将溶解氧瓶置于暗处静置5min。

c. 滴定：取100.0mL上述溶液转移至250mL锥形瓶中，用硫代硫酸钠滴定溶液呈淡黄色，随后加1mL淀粉溶液继续滴至蓝色刚好褪去，记录硫代硫酸钠溶液的用量。

(5) 数据处理

$$\text{溶解氧浓度} = CVM\left(\frac{1}{4}O_2\right) \times 1000 / V_{\text{水}}$$

式中　C——硫代硫酸钠标准溶液浓度，mol/L；

V——滴定消耗硫代硫酸钠标准溶液的体积，mL；

$V_{\text{水}}$——水样体积，mL；

$M\left(\frac{1}{4}O_2\right)$——$\frac{1}{4}O_2$的摩尔质量，g/mol。

3.15 污泥指标的测定实验

(1) MLSS测定

MLSS是单位体积混合液内含活性污泥固体物质的总量（mg/L）。其测定步骤为：

① 定量滤纸在103～105℃的烘箱中烘干，随后转移至干燥器内冷却，用分析天平称重。重复上述步骤直至恒重（后一次称重的损失小于前一次称重的4%），质量记作m_0；

② 取样品100mL，使用上述已恒重的滤纸对样品进行过滤，过滤完后将滤纸放入103～105℃的烘箱中烘干，按①中的步骤进行恒重（后一次称重小于前一次称重的5%或0.5mg），质量为m_1；

③ $MLSS = (m_1 - m_0)/0.1$。

(2) SVI测定

污泥容积指数（SVI）反映污泥的沉降性能，其测定方法为：

① 从曝气池中取1L或100mL刚曝气完成的污泥混合液，置于1000mL或100mL清洁的量筒中。

② 取样完成后，将量筒放回实验室指定地点，用玻璃棒将量筒中的污泥混合液搅拌均匀后静置。

③ 静置30min后记录沉淀污泥层与上清液交界处的刻度值SV_{30}（mL）。

污泥沉降比$SV = V/1000 \times 100\%$或$SV = V/100 \times 100\%$。

④ 根据测定MLSS的方法测出1L或100mL混合污泥中污泥干重，记为m（g）。

$$SVI = SV_{30}/m$$

（3）MLVSS 的测定

MLVSS 指混合液挥发性悬浮固体。对于生活污水，一般 MLVSS/MLSS＝0.7。其测定方法为：

① 取定量滤纸和干净的坩埚在 103～105℃的烘箱中烘干，随后放置于干燥器内冷却，称重，反复操作直至后一次称重的损失小于前次称重的 4%，即达到恒重；滤纸和坩埚的质量记作 m_0 和 m_1；

② 取样品 100mL，使用上述已恒重的滤纸对样品进行过滤，过滤完后将滤纸放入 103～105℃的烘箱中烘干，按①中的步骤进行恒重（后一次称重小于前次称重的 5%或 0.5mg），质量为 m_2；

③ 将②中已恒重的带有污泥的滤纸转移至坩埚中，随后将坩埚放入马弗炉中，在 600℃下灼烧 2h，冷却称重，质量记作 m_3。

$$\text{MLVSS}=(m_1+m_2-m_0-m_3)/0.1$$

3.16 曝气设备充氧能力的测定实验

活性污泥法处理过程中曝气的作用是使空气、活性污泥和污染物三者充分混合，使活性污泥处于悬浮状态，促使氧气从气相转移到液相、从液相转移到活性污泥上，保证微生物有足够的氧进行物质代谢。氧的供给是保持生化处理过程正常进行的主要因素之一，因此，工程设计人员和操作管理人员常需通过实验测定氧的总传递系数 K_{La}、充氧能力 OC、动力效率 E 和氧利用率 η（%），来评价曝气设备的供氧能力和动力效率。

通过本实验可以了解空气扩散过程中氧的转移规律，掌握测定曝气设备氧总传递系数和充氧能力的方法。

（1）实验原理

对曝气设备的充氧能力评估有两种方法：不稳定状态下进行实验，即实验过程中溶解氧浓度是变化的，由零增加到饱和浓度；稳定状态下的实验，即实验过程中溶解氧浓度保持不变。实验可以用清水或在生产运行条件下进行。本实验采用在不稳定状态下进行实验的方式。

① 不稳定状态下进行实验。取生产现场的自来水或曝气池流出的上清液进行实验，需要先用亚硫酸钠（或氮气）进行脱氧，使水中溶解氧降到零，然后通过曝气使液体中的溶解氧达到饱和水平。假定这个过程中液体是完全混合的，符合一级动力学反应，水中溶解氧的变化可用式（3-37）表示，积分得到式（3-38）。

$$\frac{dC}{dt}=K_{La}(C_s-C) \tag{3-37}$$

$$\ln(C_s-C)=-K_{La}t+\text{常数} \tag{3-38}$$

式中 dC/dt——氧转移速率，mg/(L·h)；

K_{La}——氧的总传递系数，h^{-1}，可以认为是一种混合系数，其倒数表示使水中的溶解氧由 C 变到 C_s 所需要的时间，是气液界面阻力和界面面积的函数；

C_s——实验条件下自来水（或污水）的溶解氧饱和浓度，mg/L；

C——对应于某一时刻 t 的溶解氧浓度，mg/L。

K_{La} 的求法：通过实验测得 C_s 和 C 值后，绘制 $\lg(C_s-C)$ 与 t 的关系曲线，其斜率

即 K_{La}。也可以用两点法。

$$K_{La}=\frac{2.303}{t-t_0}\lg\frac{C_s-C_0}{C_s-C_t} \tag{3-39}$$

$$K_{La}=\frac{2.303}{t_2-t_1}\lg\frac{C_s-C_1}{C_s-C_2} \tag{3-40}$$

本实验对清水进行曝气充氧，使水中溶解氧逐渐提高，直至溶解氧升高到接近饱和水平，从而得到 K_{La} 和 C_s。清水（在现场用自来水）一般含有溶解氧，加入无水亚硫酸钠，在氯化钴的催化作用下，能够把水体中的溶解氧消耗掉，使水中溶解氧降到零，其反应式为：

$$Na_2SO_3+\frac{1}{2}O_2\xrightarrow{CoCl_2}Na_2SO_4$$

② 充氧能力和动力效率。充氧能力可以用式（3-41）表示：

$$OC=K_{La(20)}C_{s(标)}V \tag{3-41}$$

式中 V——曝气池体积，m^3。

动力效率常被用以比较各种曝气设备的经济效率，计算公式如式（3-42）：

$$E=\frac{OC}{N} \tag{3-42}$$

式中 OC——标准条件下的充氧能力，kg/h；

N——曝气设备功率，kW。

（2）实验装置与设备

① 实验装置为实验室好氧活性污泥装置，如膜生物反应器（MBR）、序批式间歇反应器（SBR）、氧化沟等，或装有泵型叶轮的模型曝气池。为保持曝气叶轮转速在实验期间恒定不变，电动机要接在稳压电源上。以装有泵型叶轮的模型曝气池为例的曝气设备实验装置见图 3-11。

② 秒表、卷尺、虹吸管。

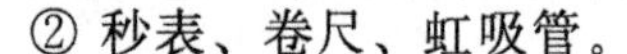

③ 无水亚硫酸钠、氯化钴。

④ 溶解氧（DO）测定装置（DO 测定仪或碘量法测定装置）。

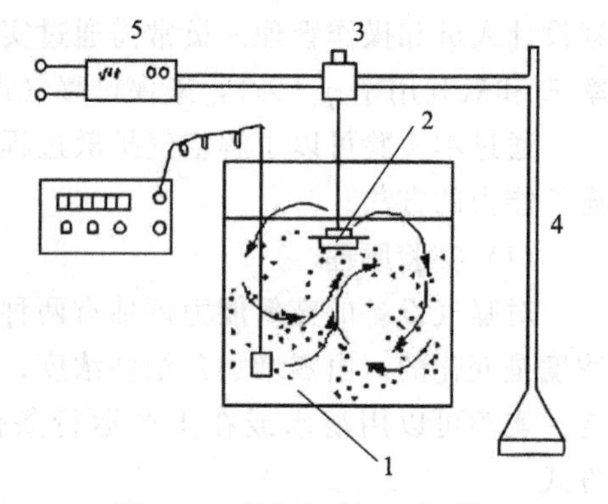

图 3-11 曝气设备实验装置

1—曝气池；2—泵型叶轮；3—电动机；4—电动机支架；5—稳压电源

（3）实验步骤（以装有泵型叶轮的模型曝气池为例）

① 将自来水加入曝气池直至没过叶轮 5cm 左右，测定曝气池内水的体积。

② 根据实际水温确定饱和溶解氧值 C_s。进一步测定水中实际溶解氧浓度。

③ 计算去除溶解氧所需 $CoCl_2$ 和 Na_2SO_3 的投加量。由反应式可知每去除 1mg 溶解氧需要投加 7.9mgNa_2SO_3，在实验中可按 1mg/L 溶解氧投加 9mg/L 亚硫酸钠来计算。根据池子的容积和自来水（或污水）的溶解氧浓度可以算出 Na_2SO_3 的理论需要量。氯化钴的加入量约 1g。

④ 将 Na_2SO_3 和 $CoCl_2$ 用少量去离子水溶解后直接投入曝气池内，缓慢搅拌 1～2min 使 Na_2SO_3 在曝气池中混匀。

⑤ 等溶解氧降到零并达到稳定后开始曝气，依次测定每个时间点溶解氧的浓度，并作

记录，溶解氧达饱和值时停止实验。

⑥ 重复实验操作，投加适量 Na_2SO_3 搅拌至混匀，溶解氧降至零并稳定后将水面高度下降到叶轮表面，正常曝气，每隔 5s 测定并记录溶解氧浓度，直至饱和。

注意事项：

① 溶解氧测定仪需在指导下正确操作，用完后用蒸馏水仔细冲洗探头，并用吸水纸小心吸干探头膜表面的水珠，盖上探头套。

② 注意实验期间要保证供气量恒定。

(4) 实验结果整理

① 记录实验设备及操作条件的基本参数。模型曝气池：内径 $D=$________ m，高度 $H=$________ m，体积 $V=$________ L，水温________℃，室温________℃，气压________ kPa，实验条件下自来水的 C_s ________ mg/L，$CoCl_2$ 投加量________ g，Na_2SO_3 投加量________ g。

② 以时间 t 为横坐标、溶解氧浓度为纵坐标作图绘制充氧曲线，任取两点计算 K_{La}。

③ 以时间 t 为横坐标，以 $\ln(C_s-C)$ 为纵坐标，绘制实验曲线，由直线的斜率求出 K_{La}。

④ 计算充氧能力和动力效率。

3.17 声压级测量方法

声压级采用声级计进行测量，根据仪器的使用说明书对相应型号的仪器进行操作。参数和使用方法如下：

声级计频率范围 125～8000Hz，测量范围 40～130dB，频率加权特性 A/C，显示屏为液晶显示（LCD）屏，读值更新 2 次/s，外形尺寸为 23.1cm（长）×5.3cm（宽）×3.3cm（高），质量约 170g（包含电池）。使用环境条件：2000m 高度以下，相对湿度≤90%RH，操作温度 0～40℃。勿使用去污剂、溶剂清理声级计。声级计在使用前须校准，使用 94dB、1kHz 正弦波的标准音源进行校准，校准步骤如下：

① 先将声级计设定为下列状态：

频率加权：dB（A）。

时间加权：FAST。

测量范围：80～110dB。

取消最大读值锁定功能。

② 将传声器小心插入标准声源的孔内。

③ 打开标准声源的电源开关，使用调整棒旋转位于面板侧面的校准（CAL）电位器，使 LCD 灯显示为 94.0dB。

声级计操作步骤：

① 打开声级计的电源。

② 选择频率加权或时间加权，若测量以人为感受的噪声则设定为 dB（A），若测量机械噪声则设定为 dB（C）。若读取即时的噪声级，则设定为 FAST；若读取当时的平均噪声级，则设定为 SLOW。

③ 选择适当的测量范围。

④ 手持声级计，使传声器与声源的距离保持在 1～1.5m 处测量。

⑤“MAX”功能键会使声级计锁定最大读值，可再按一次取消。

⑥ 将声级计电源关闭，若距下一次使用时间较长，应将电池取出。

声级计使用过程中需注意以下事项：

① 若长时间未使用过，再次使用前应执行校正程序。

② 勿置于高温或高湿的地方使用。

③ 勿敲击传声器，并保持干燥。

④ 长时间不使用时，将电池取出，并将声级计置于干燥的环境中保存。

4 大气污染控制工程实验

4.1 烟气脱硫实验

（1）实验目的

本实验采用填料吸收塔和喷淋塔两类设备，用 NaOH 或 Na_2CO_3 溶液吸收 SO_2。通过实验，要求达到以下目的：

① 了解填料吸收塔和喷淋塔处理废气实验装置的流程、单元组成，能够正确操作填料吸收塔和喷淋塔装置；

② 针对脱硫影响因素，能够独立选取实验参数，并对风量、SO_2 浓度、压力降等参数和指标进行正确测定；

③ 能够利用脱硫理论知识分析并解决烟气脱硫实验过程中出现的问题；

④ 应用作图软件对实验结果进行处理，利用理论知识进行分析讨论，针对实验异常现象分析原因；

⑤ 对比填料吸收塔和喷淋塔对废气的吸收效果，得出有效结论。

（2）实验原理

① 吸收原理。气液两相间物质传递过程可用双膜理论来阐释。在气、液两相流体间存在相界面，相界面存在呈层流流动的气膜和液膜，气态污染物质依靠湍流扩散从气相主体到气膜表面，依靠分子扩散通过气膜到达两相界面，在界面上从气相溶入液相，依靠分子扩散从两相界面通过液膜，最后依靠湍流扩散从液膜表面到液相主体，完成吸收过程；传质过程全部浓度梯度集中在两个有效膜层内。在塔设备内吸收能否顺利进行，取决于吸收操作线和相平衡线的相对位置，吸收原理见图 4-1，操作线位于相平衡线之上，吸收能够进行。

图 4-1 中 AB 为操作线，描述的是塔内任意截面上气液两相浓度之间的关系，表达式为 $y=\frac{L}{G}x+\left(y_2-\frac{L}{G}x_2\right)$，$\frac{L}{G}$为液气比。$OE$ 为相平衡线，反映气液两相平衡时两相浓度之间的关系，表达式为 $y^*=mx$，m 为相平衡常数。

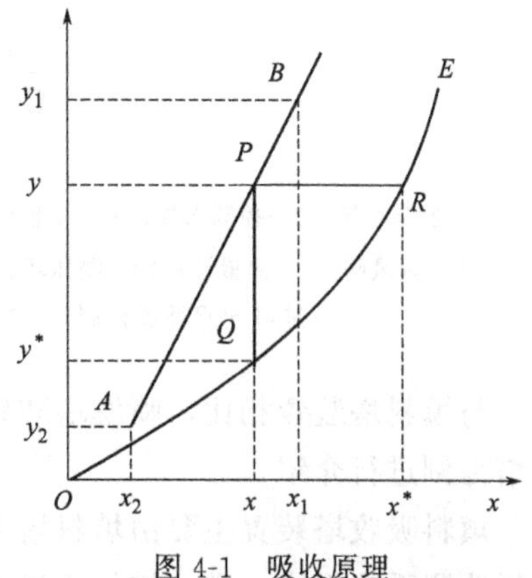

图 4-1 吸收原理

由于 SO_2 在水中溶解度不高，常采用化学吸收法。吸收 SO_2 的吸收剂种类较多，本实验采用 NaOH 或 Na_2CO_3 溶液作为吸收剂，吸收过程发生的主要化学反应为：

$$2NaOH+SO_2 \longequal Na_2SO_3+H_2O$$

$$Na_2CO_3+SO_2 \longequal Na_2SO_3+CO_2$$

$$Na_2SO_3+SO_2+H_2O \longequal 2NaHSO_3$$

② 设备原理。具有一定风压、风速的待处理模拟烟气从吸收塔的底部进、上部出，吸收液从塔的上部进、下部出，气流与吸收液在塔内做相对运动，吸收液与气态污染物充分接触，完成吸收过程。填料塔中，吸收液在塔内填料表面形成表面积很大的水膜，从而大大提高了吸收作用。

(3) 实验装置

本实验所涉及的填料塔装置和喷淋塔装置如图 4-2 和图 4-3 所示。塔设备技术指标及参数：循环液流量为 0.1～1m^3/h；塔径为 250mm，塔高为 1300mm；喷淋器直径 D=75mm；装置总尺寸为长 2500mm×宽 600mm×高 2300mm；碱液吸收填料塔对 SO_2 的吸收效率为 80%以上，喷淋塔吸收效率为 50%左右。实验装置的组成和规格：透明有机玻璃壳体 1 套（塔径 250mm、塔高 1300mm）、透明有机玻璃进气管段 1 套、聚氯乙烯（PVC）出口风管 1 套、采样口 2 组、聚丙烯填料 1 套（喷淋塔无）、水箱 1 套、流量计 1 只、转引高压离心风机 1 套、1.1kW 电机 1 台、不锈钢循环水泵 1 台、SO_2 气体钢瓶 1 套、风量调节阀 1 套、电控箱 1 只、电压表 1 只（220V）、漏电保护开关 1 套、按钮开关 2 只、电源线、不锈钢支架 1 套等。设备应该放在通风干燥的地方，平时经常检查，有异常情况及时处理。

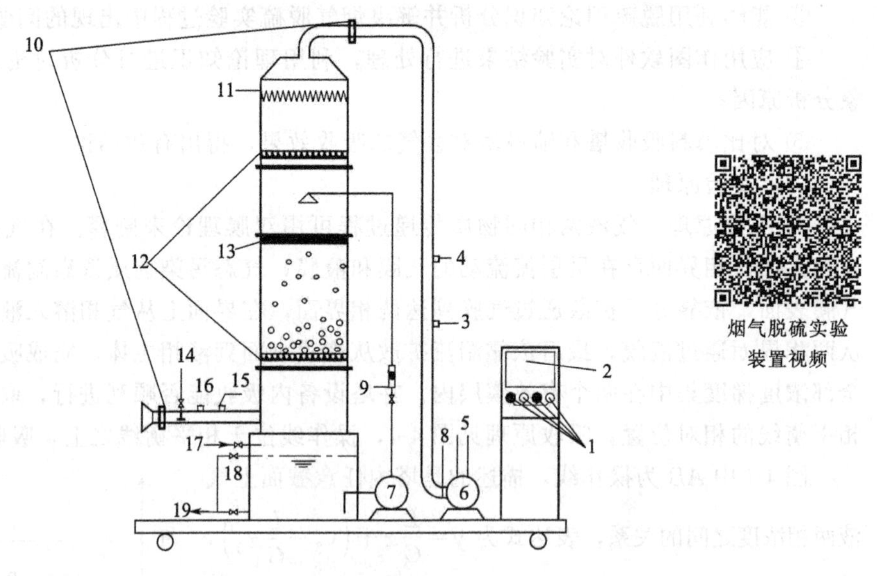

图 4-2 填料塔装置

1—控制按钮；2—控制面板；3—风速采样口 1；4—出口 SO_2 浓度检测口；5—排气管；6—风机；7—水泵；8—调风阀；9—流量计；10—测压环；11—填料除雾层；12—开孔板；13—格栅板；14—污染气体入口；15—进口 SO_2 浓度检测口；16—风速采样口 2；17—进水口；18—溢流口；19—排水口

与填料塔装置相比，喷淋塔装置除无填料层外，其他部分均相同，因此本实验装置以填料塔为例进行介绍。

填料吸收塔装置主要由填料塔主体、电气控制箱、风机、气源、吸收液喷淋循环系统、采样监测系统组成。进、排气管道上设有风速和风量测量采样口、测压孔、二氧化硫浓度采

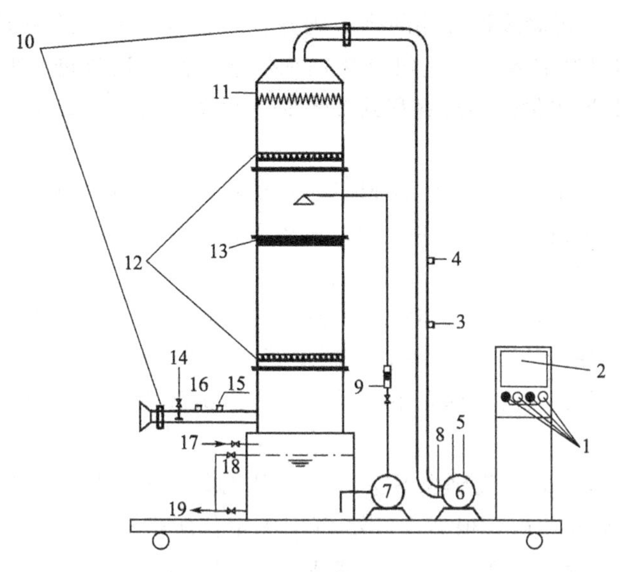

图 4-3 喷淋塔装置

1—控制按钮；2—控制面板；3—风速采样口 1；4—出口 SO_2 浓度检测口；5—排气管；6—风机；7—水泵；8—调风阀；9—流量计；10—测压环；11—除雾层；12—开孔板；13—格栅板；14—污染气体入口；15—进口 SO_2 浓度检测口；16—风速采样口 2；17—进水口；18—溢流口；19—排水口

样口，进、排气管道直径均为 110mm。填料塔主体是发生气液传质的场所，下方开孔板上装载填料层，塔径为 250mm，塔高为 1300mm。在填料层上方喷淋头下方设有格栅板，起均流作用；在喷淋头上方开孔板上又设有除雾层，吸收酸雾，防止管道、风机和烟囱的腐蚀。实验装置设有电气控制箱，用于系统中风机、泵的运行控制。本实验采用离心风机，为系统提供动力；风机通过控制箱按钮和变频器控制运行（操作视频扫描烟气脱硫实验风机变频器使用视频二维码获取）。实验中使用二氧化硫气瓶产生模拟污染物，气瓶中输出的二氧化硫气体（气体钢瓶操作视频扫描烟气脱硫实验气体钢瓶使用视频二维码获取），经流量计计量，由软管接入污染气源接入口，与空气混合，配制出实验所需的烟气浓度。喷淋循环系统由储液箱、循环水泵和喷淋头组成。采样检测包括管道风速、进出口二氧化硫浓度和压力降测定（操作视频扫描烟气脱硫实验采样检测视频二维码获取）。

烟气脱硫实验风机变频器使用视频

烟气脱硫实验气体钢瓶使用视频

烟气脱硫实验采样检测视频

（4）实验步骤

实验操作步骤以填料塔装置为例，操作视频扫描烟气脱硫实验操作步骤视频二维码获取。

烟气脱硫实验操作步骤视频

① 首先检查设备系统外况和全部电气连接线有无异常，如管道设备无破损、U 形压力计内部水量适当等，将设备推拉至实验室合适位置，排气口与烟道连接，插上电源，打开电控箱总开关，合上触电保护开关开始实验。

② 吸收液配制。关闭储液箱底部的排水阀并打开排水阀上方的溢流阀，关闭连接流量计阀门。从储液箱加料口加入一定量氢氧化钠浓溶液，然后通过进水阀进水稀释至浓度为8%～10%，当贮水装置水量达到总容积约 3/4 时，启动循环水泵。通过开启回水阀门可将储液箱内溶液混合均匀。

③ 关闭回水阀门，开启连接流量计阀门，启动水泵即形成喷淋水循环。调节喷淋液体流量 Q_L，使液体均匀喷淋，并沿填料表面缓慢流下，以充分润湿填料表面，当液体由塔底流出后，将液体流量调节至 $Q_L=300L/h$ 左右。

④ 开启离心风机，逐渐调大气体流量，使塔内出现液泛。仔细观察此时的气液接触状况，用皮托管测定此时的管道气体流速，并根据管道和塔直径计算液泛气速。

⑤ 在液泛气速对应的风机频率以下，设置 5 个风机频率测定管道气体流速，计算相应的空塔气速。

⑥ 吸收塔正常工作时，首先确保 SO_2 钢瓶减压阀处于关闭状态，然后小心拧开 SO_2 钢瓶主阀门，再慢慢开启减压阀，根据入口处 SO_2 测定仪所指示的气体 SO_2 浓度调整转子流量计刻度至所需的入口浓度，开始实验。通常 SO_2 的入口浓度设定在 $1000\sim3000mg/m^3$（标况）。

⑦ 待塔内运行完全稳定后（约 3min），采用 SO_2 测定仪测定进出口 SO_2 浓度，计算脱硫效率。通过 U 形压力计可读出各工况下的设备压降。

⑧ 保持喷淋液体流量 Q_L 不变，并保持气体中 SO_2 浓度大致相同，改变空塔气速，稳定运行 3min 后，按上述方法，测取 5 组数据，考察空塔气速对脱硫效果的影响。

⑨ 保持空塔气速不变，并保持气体中 SO_2 浓度大致相同，改变喷淋液体流量 Q_L，稳定运行 3min 后，重复上述步骤，考察 Q_L 对脱硫效果的影响。

⑩ 吸收实验结束后，先关闭 SO_2 气瓶主阀门，待压力表指数回零后关闭减压阀，2～3min 后依次关闭风机、循环水泵。

⑪ 打开储液箱底部的排水阀排空储液箱，在储液箱中加入清水，开循环水泵洗塔 3～5min，排空储液箱，如此反复洗 3 遍。

⑫ 关闭控制箱主电源，拔掉电源插头，解除排气筒与烟道的连接，将设备归位。

（5）注意事项

① 当长期不使用的设备重新开始使用时，水泵的泵体中留有空气，可能会引起泵水不正常，或没有水被泵出。此时要立即关闭水泵，因为缺水运转很容易损坏水泵。采用挤、捏皮管和一会儿开启水泵、一会儿关闭水泵的方法来排除空气，直至水泵正常工作为止。

② 实验过程中，气瓶、风机、喷淋液的开启顺序为先开喷淋液，再开风机，最后开气瓶，前两者顺序可以互换。实验结束，先关闭气瓶，2～3min 后再关闭风机和循环水泵。

③ 实验过程中，出现风机不运行的情况，首先检查变频器“RUN”键灯是否亮，其次检查与排气管相连的烟气通道阀门是否处于开的状态，注意在实验开始时即使阀门处于开的状态，在风机运行过程中风机振动仍可能导致阀门关闭。

④ 实验过程中，若出现设备周围二氧化硫泄漏情况，首先关闭气瓶，检查气瓶是否泄漏。实验过程中若设置风速较低，气瓶中的高浓度二氧化硫通过污染气源接入口引入管道，而接入口离进气口较近，可能会通过进气口逸散至周围空气中，在考察空塔气速对脱硫效果的影响时，气速不能设置太低。

⑤ 在实验过程中，一定要将吸收塔的尾气通过管道排放至室外，并将实验室的门窗打开，以保持实验室内良好的通风状态。

⑥ 实验结束后，一定要关闭气瓶，放空吸收液（调 pH 为 7.0 左右），并用清水清洗管路和填料塔以及水箱。

⑦ 设备应该放在通风干燥的地方，平时经常检查设备，有异常情况及时处理。

（6）实验数据记录与处理

① 实验结果记录。液泛气速 v_{Fmax}：________ m/s（填料塔）。

a. 空塔气速对脱硫效果的影响。表 4-1 和表 4-2 分别为填料塔、喷淋塔气体流量变化测定结果记录表。

固定喷淋液体流量 Q_L：________ L/h。

表 4-1 填料塔气体流量变化测定结果记录表

实验次数	空塔气速 /(m/s)	原气浓度 ρ_1 /(mg/m^3)	净化后浓度 ρ_2 /(mg/m^3)	净化效率 η/%	压力损失/Pa
1					
2					
3					
4					
5					

表 4-2 喷淋塔气体流量变化测定结果记录表

实验次数	空塔气速 /(m/s)	原气浓度 ρ_1 /(mg/m^3)	净化后浓度 ρ_2 /(mg/m^3)	净化效率 η/%	压力损失/Pa
1					
2					
3					
4					
5					

b. 喷淋液体流量对脱硫效果的影响。表 4-3 和表 4-4 分别为填料塔、喷淋塔喷淋液体流量变化测定结果记录表。

固定气体流量 Q_s：________ m^3/h。

表 4-3 填料塔喷淋液体流量变化测定结果记录表

实验次数	液体流量 /(L/h)	原气浓度 ρ_1 /(mg/m^3)	净化后浓度 ρ_2 /(mg/m^3)	净化效率 η/%	压力损失/Pa
1					
2					
3					
4					
5					

表 4-4 喷淋塔喷淋液体流量变化测定结果记录表

实验次数	液体流量 /(L/h)	原气浓度 ρ_1 /(mg/m³)	净化后浓度 ρ_2 /(mg/m³)	净化效率 η/%	压力损失/Pa
1					
2					
3					
4					
5					

② 吸收塔的平均脱硫效率计算。

$$\eta=\left(1-\frac{\rho_2}{\rho_1}\right)\times 100\% \tag{4-1}$$

式中 ρ_1——标准状况下吸收塔入口处气体中 SO_2 的质量浓度，mg/m^3；

ρ_2——标准状况下吸收塔出口处气体中 SO_2 的质量浓度，mg/m^3。

③ 填料塔压降（ΔP）计算。

$$\Delta P=P_1-P_2 \tag{4-2}$$

式中 P_1——吸收塔入口处气体的全压或静压，Pa；

P_2——吸收塔出口处气体的全压或静压，Pa。

④ 计算填料塔的空塔气速及液泛气速。

$$v_F=\frac{Q_s}{F} \tag{4-3}$$

式中 Q_s——气体流量，m^3/s；

F——填料塔截面积，m^2。

发生液泛现象时的气体流量与塔截面积之比即液泛气速 $v_{F\max}$。

⑤ 压力损失、净化效率和空塔气速的关系曲线。整理 5 组不同空塔气速 v_F 下的 ΔP 和 η 数据，绘制 v_F-ΔP 和 v_F-η 曲线图，分析空塔气速对填料塔压力损失和净化效率的影响。

⑥ 压力损失、净化效率和喷淋液体流量 Q_L 的关系曲线。整理 5 组不同喷淋液体流量 Q_L 下的 ΔP 和 η 数据，绘制 Q_L-ΔP 和 Q_L-η 曲线图，分析 Q_L 对填料塔的压力损失和净化效率的影响。

（7）思考题

① 从实验结果得到的曲线中，可以得出哪些结论？

② 实验结束后为什么要先关闭 SO_2 气瓶，然后依次关闭主风机（2～3min 后）、循环水泵的电源？

③ 欲提高传质系数，应采取哪些措施？

④ 如何判断吸收液吸收达到饱和？

⑤ 根据实验结果分析填料塔和喷淋塔脱硫效率不同的原因。

4.2 烟气脱硝实验

本实验包括两个实验：①选择性催化还原（SCR）脱硝实验；②湿法脱硝实验。学生通过这两个实验可了解干法和湿法脱硝装置、工艺条件、应用场所和效果的不同及两个工艺的优缺点。

4.2.1 SCR 脱硝实验

(1) 实验目的

本实验采用 SCR 技术，以氨作为还原剂模拟烟气脱硝。通过实验，要求达到以下目的：

① 了解 SCR 脱硝装置流程、单元组成，能够正确操作 SCR 脱硝装置；

② 针对 SCR 脱硝影响因素，能够独立选取实验参数，并对 NO 和氨气浓度等指标进行正确测定；

③ 能够利用脱硝理论知识分析并解决 SCR 脱硝实验过程中出现的问题；

④ 应用作图软件对实验结果进行处理，利用理论知识进行分析讨论，针对实验异常现象分析原因。

(2) 实验原理

① 气固催化传质、反应过程。

a. 烟气中氮氧化物与还原剂氨气从气流主体扩散至催化剂外表面；b. 氮氧化物和氨气进一步向催化剂的微孔内扩散；c. 氮氧化物和氨气在催化剂的表面上被吸附；d. 吸附的氮氧化物和氨气在催化剂的作用下转化为氮气；e. 氮气从催化剂表面脱附下来；f. 脱附的氮气从微孔向外表面扩散；g. 氮气从外表面扩散到气流主体。a 和 g 为外扩散，b 和 f 为内扩散，c、d 和 e 为动力学过程。

② 选择性催化原理。选择性催化还原（SCR）是目前烟气氮氧化物控制的主流方法。选择性催化还原工艺原理主要是加入 NH_3 并在催化剂的作用下，将 NO_x 还原成为 N_2 和 H_2O。NH_3 不和烟气中残余的 O_2 反应，因此称“选择性”。主要反应式如下：

$$4NO+4NH_3+O_2 \xrightarrow{\text{催化剂},250\sim400℃} 4N_2\uparrow+6H_2O \tag{4-4}$$

$$2NO_2+4NH_3+O_2 \xrightarrow{\text{催化剂},250\sim400℃} 3N_2\uparrow+6H_2O \tag{4-5}$$

(3) 实验装置

SCR 脱硝装置见图 4-4。设备技术参数为：不锈钢反应器内径为 20mm，催化剂恒温装填区域为 50mm，反应器长度为 550mm；功率可调反应炉，最大加热功率为 4.5kW，控温精度为±0.2%FS，最高使用温度为 500℃；气体预热器加热功率为 0.5kW；气体流量范围为 60～600mL/min。

SCR 实验装置由催化装置、制气系统、气体计量器及检测系统组成。催化装置由催化反应器、副加热炉组成，催化反应器包括主加热炉、可拆卸不锈钢反应管，管内径 25mm，内部装有催化剂，最大填充量为 16mL，催化剂恒温装填区域为 50mm，配有催化床层反应区温度测定装置；主、副加热炉均由可控温加热器控制其温度。制气系统包括模拟发生气一氧化氮气瓶和反应气氨气气瓶及提供实验系统载气源的气泵，均配有气体流量计，并配处理气体流量计。气体计量器与排气管道相连，用于计量处理气体的总量。设备进气管上设有 1 个进气采样口，排气管上设有 3 个排气采样口，均用球形阀门控制。采用 GT-903 系列复合气体检测仪测定进出口一氧化氮和氨气浓度，以计算脱硝效率及氨逃逸率。

SCR 脱硝实验系统流程：气瓶输出的一氧化氮、氨气及气泵输出的空气分别经气体流量计计量接入进气管道混合，混合后气体再经流量计计量接入副加热炉预热至所设定的温度后，进入达到设置温度的主加热炉中的催化装置进行反应，净化后的气体经气体计量器计量后，经排气管排入大气。SCR脱硝实验装置视频扫描SCR脱硝实验装置视频二维码获取。

SCR脱硝实验装置视频

(4) 实验步骤

① 首先检查设备系统外况和全部电气连接线有无异常，采样口隔垫是否需要更换，采样口阀门是否关闭，管线是否连接到位，NO和氨气气体钢瓶是否有气等，排气管是否放置于室外，一切正常后开始操作。

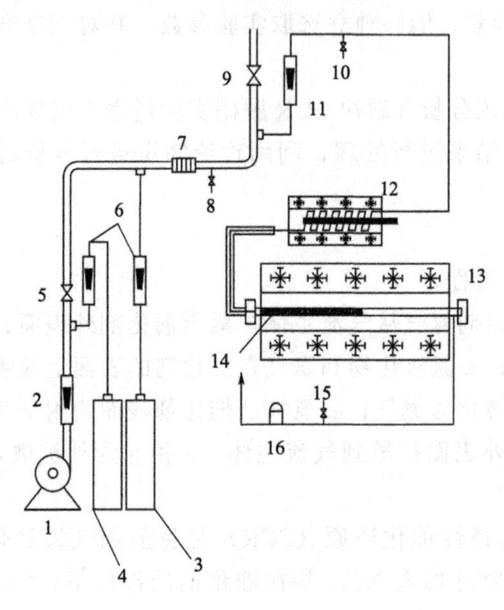

(a) 设备组成

1—气泵；2—制气流量计；3—气瓶；4—NO气体；5—阀门；6—流量计；7—气体阻火器；8—控制按钮；9—阀门；10—进口采样阀；11—处理气体流量计；12—副加热炉；13—主加热炉；14—催化剂；15—出口采样阀；16—气体计量器

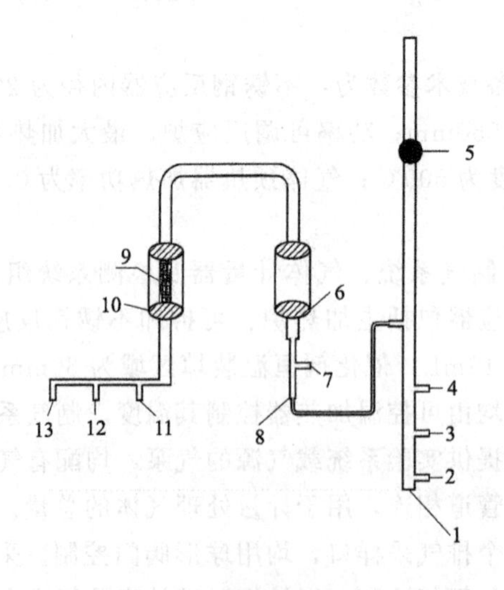

(b) 装置流程

1—空气进口；2—气体进口1；3—气体进口2；4—气体进口3；5—球阀开关；6—副加热炉；7—进气检测点；8—混合气体进口；9—催化装置（含催化剂）；10—主加热炉；11—出口检测1；12—出口检测2；13—出口检测3

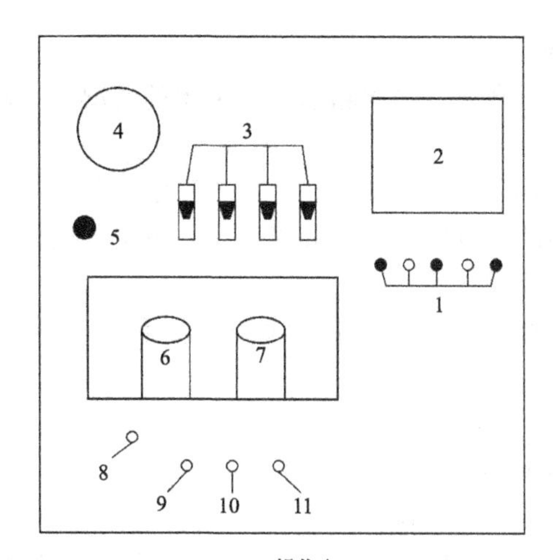

(c)操作台

1—控制按钮；2—控制面板；3—流量计；4—气体计量器；5—球阀；6—主加热炉；
7—副加热炉；8—进气检测口；9—出气检测口1；10—出气检测口2；11—出气检测口3

图 4-4　SCR 脱硝装置

② 插上电源线插头，打开电控箱总开关，合上触电保护开关。

③ 首先打开副加热炉和主加热炉加热系统开关，一般实验温度自定，推荐预加热温度设定在 120℃左右，主加热炉设定在 200℃左右。打开温度显示开关，这里的温度显示代表催化剂的温度，达到实验设定的温度后，打开气泵开关，风量自定，通过流量计调节空气流量。

注意：观察主加热炉的温度跟催化显示的温度是否一致，如果没有，则注意温度偏高还是偏低，若偏高降低主加热炉加热温度，偏低则相反。

④ 达到设置的反应温度后，缓慢拧开一氧化氮气瓶主阀，再慢慢开启减压阀，根据制气流量和设定的 NO 入口浓度，通过流量计调节 NO 源气流至所需的数值。

⑤ 缓慢拧开氨气气瓶主阀，再慢慢开启减压阀，根据制气流量及气流中 NO 浓度的化学计量比，通过流量计调节 NH_3 气流至所需的数值。

⑥ 当催化装置反应稳定后，可通过 NO 和 NH_3 浓度测定仪测定进出口 NO 和 NH_3 的浓度，确定催化转化率和氨逃逸率。

⑦ 保持 NO 浓度在大致相同的情况下，改变催化反应温度，可在 200～400℃之间设置 5 个量，稳定运行后，按上述方法，测取 5 组数据，计算脱硝效率和 NH_3 逃逸率。

⑧ 实验结束后，首先关闭 NO 和 NH_3 气体钢瓶的主阀门，放尽残余气体后关闭减压阀，关闭反应加热炉的电源开关。

⑨ 调节实验气体流量为最大对实验系统进行清洁，待反应炉温度下降到 150℃以下时关闭气泵。

⑩ 关闭控制箱主电源，拔掉电源插头，检查设备状况，没有问题后离开。

SCR 脱硝实验操作步骤视频

操作视频扫描 SCR 脱硝实验操作步骤视频二维码获取。

催化剂更换时按以下步骤进行：

① 了解催化床结构。催化床为不锈钢反应管，两个端口一端为催化剂装填口 A，一端为催化床层温度探头安装口 B，均采用旋帽结构。

② 催化床反应管的拆卸。

a. 在反应加热炉温度接近常温、电源箱总开关关闭的情况下，旋松反应炉左侧端面中间的反应管旋帽至分离；

b. 断开反应炉右侧中间的反应管上 6mm 气体支管的快速接头；

c. 旋松反应炉右侧中间的反应管旋帽至分离，小心拔出热电偶；

d. 从右侧小心拔出不锈钢反应管；

e. 取出不锈钢反应管内部端口 A 处的固定玻璃棉，倒出石英砂，用工具旋转取出内部的玻璃棉，最后倒出催化剂。

③ 催化剂的安装。

a. 催化剂最大装填量为 16mL；

b. 小心清洁拆卸下的反应管，水洗、烘干；

c. 将若干量催化剂（颗粒态，粒径不小于 0.4mm）从反应管 A 端口装入，然后装填入约 5～10mm 厚度的玻璃棉，再装填石英砂至距管口 20～30mm 处（约 60mL），最后用玻璃棉封堵；

d. 将反应管 A 端小心地从加热炉的右侧水平插入至从反应炉左侧端面的中孔中露出，整理好炉膛密闭挡板，旋上入口气体旋帽；

e. 小心旋上反应炉右侧 B 端旋帽，小心安装上热电偶探头；

f. 连接反应炉右侧中间的反应管上 6mm 气体支管的快速接头。

（5）注意事项

① 发生气体放空管和反应气体尾气排气管一定要妥善通过连接管道输送到室外人员不易到达的区域放空!!

② 实验期间勿接触反应炉前后的裸露管线防止烫伤，反应器加热炉启动期间切勿尝试打开反应管。

③ 实验结束后，一定要关闭 NO 和 NH_3 气瓶。

④ 实验结束，切记不可立即关闭气泵，主加热炉温度降至 150℃以下才可以关闭气泵。

⑤ 设备应该放在通风干燥的地方，平时经常检查设备，有异常情况及时处理。

（6）实验数据记录与处理

① 实验结果记录表。SCR 催化反应温度变化测定结果记录表见表 4-5。

表 4-5　SCR 催化反应温度变化测定结果记录表

实验次数	温度 T/℃	原气浓度 ρ_1/(mg/m^3)	净化后浓度 ρ_2/(mg/m^3)	净化效率 η/%
1				
2				
3				
4				
5				

② 催化净化效率计算。

$$\eta=\left(1-\frac{\rho_2}{\rho_1}\right)\times 100\% \tag{4-6}$$

式中　ρ_1——标准状况下入口处气体中 NO 的质量浓度，mg/m^3；

ρ_2——标准状况下出口处气体中 NO 的质量浓度，mg/m^3。

③ 催化净化效率和催化温度的关系曲线。整理 5 组不同催化温度 T 下的 η 资料，绘制 T-η 实验性能曲线，分析 T 对 SCR 脱硝效率的影响。

(7) 思考题

① 根据实验结果得到的曲线，可以得出什么结论？

② 实验结束，关闭主、副加热炉后，为什么不能立即关闭气泵？

③ 实验过程中，设置催化温度过高会出现什么问题？

4.2.2 湿法脱硝实验

(1) 实验目的

本实验采用喷淋塔或填料塔，用 $NaClO_2/NaOH$ 或 $NaClO_2/Na_2CO_3$ 溶液氧化吸收 NO_x。通过实验，要求达到以下目的：

① 了解湿法脱硝的应用场所和工艺条件；

② 针对湿法脱硝影响因素，能够独立选取实验参数，并对风量、NO 浓度、压力降等指标进行正确测定；

③ 能够利用湿法脱硝理论知识分析并解决实验过程中出现的问题；

④ 应用作图软件对实验结果进行处理，利用理论知识进行分析讨论，针对实验异常现象分析原因；

⑤ 对比 SCR 和湿法脱硝的效率，得出有效结论。

(2) 实验原理

① 吸收原理与烟气脱硫实验吸收原理相同。

由于实际烟气 NO_x 中 90%以上为 NO，NO 难溶于水，很难被吸收，必须先将 NO 氧化为 NO_2，然后采用碱液吸收。本实验采用 $NaClO_2/NaOH$ 或 $NaClO_2/Na_2CO_3$ 溶液作为氧化吸收剂，发生的主要化学反应为：

$$4NO+3ClO_2^-+4OH^- \longrightarrow 4NO_3^-+3Cl^-+2H_2O$$

$$2NO+ClO_2^-+CO_3^{2-} \longrightarrow NO_3^-+Cl^-+NO_2^-+CO_2$$

② 设备原理与烟气脱硫实验设备原理相同。

③ 实验装置。湿法脱硝实验装置与脱硫实验装置相同，见图 4-2 和图 4-3。实验采用 NO 气体钢瓶产生 NO 气体作为模拟废气开展实验。以 $NaClO_2$ 作为氧化剂，以 NaOH 或 Na_2CO_3 作为吸收剂，氧化剂与吸收剂物质的量比为 5∶1。

(3) 实验步骤

实验操作步骤以填料塔装置为例。

① 首先检查设备系统外况和全部电气连接线有无异常，如管道设备无破损、U 形压力计内部水量适当等，将设备推拉至实验室合适位置，排气口与烟道连接，插上电源，打开电控箱总开关，合上触电保护开关开始实验。

② 吸收液配制。关闭储液箱底部的排水阀并打开排水阀上方的溢流阀，关闭连接流量计阀门。从储液箱加料口加入一定量物质的量比为 5∶1 的 $NaClO_2/NaOH$ 或 $NaClO_2/Na_2CO_3$ 浓溶液，然后通过进水阀进水稀释至实验所需浓度，可先将 $NaClO_2$ 浓度设为 5×10^{-3}mol/L。当贮水装置水量达到总容积约 3/4 时，启动循环水泵。开启回水阀门可将储液箱内溶液混合均匀。

③ 关闭回水阀门，开启连接流量计阀门，启动水泵即形成喷淋水循环。调节喷淋液体

流量 Q_L，使液体均匀喷淋，并沿填料表面缓慢流下，以充分润湿填料表面，当液体由塔底流出后，将液体流量调节至 $Q_L=300L/h$ 左右。

④ 开启离心风机，调节合适气体流量，使填料塔正常工作（参照 SO_2 吸收实验）。

⑤ 填料塔正常工作时，首先确保 NO 钢瓶减压阀处于关闭状态，然后小心拧开 NO 钢瓶主阀门，再慢慢开启减压阀，根据入口处 NO 测定仪所指示的气体 NO 浓度调整转子流量计刻度至所需的入口浓度开始实验，通常 NO 的入口浓度设定在 $500mg/m^3$（标准状况）左右。入口和出口气体中的 NO 浓度可通过采样口测定。

⑥ 测定脱硝效率：待塔内操作完全稳定后，采用 NO 测定仪测定进出口 NO 浓度，记录数据。

⑦ 在喷淋液体流量 Q_L 不变，并保持气体中 NO 浓度在大致相同的情况下（标准状况下 NO 含量仍保持在 $500mg/m^3$ 左右），以 NaOH 作为吸收剂，改变 $NaClO_2$ 浓度（$1\times10^{-3}\sim10\times10^{-3}mol/L$ 之间取 5 个数值），待塔内运行完全稳定后，测定进出口 NO 浓度，测取 5 组数据。

⑧ 在喷淋液体流量 Q_L 不变，并保持气体中 NO 浓度在大致相同的情况下（标准状况下 NO 含量仍保持在 $500mg/m^3$ 左右），以 Na_2CO_3 作为吸收剂，改变 $NaClO_2$ 浓度（$1\times10^{-3}\sim10\times10^{-3}mol/L$ 之间取 5 个数值），待塔内运行完全稳定后，测定进出口 NO 浓度，测取 5 组数据。

⑨ 吸收实验结束后，先关闭 NO 气瓶主阀，待压力表指数回零后关闭减压阀，2～3min 后依次关闭风机、循环水泵。

⑩ 打开储液箱底部的排水阀排空储液箱，在储液箱中加入清水，开循环水泵洗塔 3～5min，排空储液箱，如此反复洗 3 遍。若吸收液中的亚氯酸钠未反应完全，可先采用亚硫酸钠等还原剂还原，然后调节 pH 为 7.0 左右再排空。

⑪ 关闭控制箱主电源，拔掉电源插头，解除排气筒与烟道的连接，将设备归位。

（4）注意事项

① 设备长期不使用后重新开始使用，由于水泵的泵体中留有空气，可能会引起水泵的泵水情况不正常，或没有水被泵出。此时要立即关闭水泵，因为水泵的缺水运转很容易损坏水泵。采用挤、捏皮管和一会儿开启水泵、一会儿关闭水泵的方法来排除空气，直至水泵正常工作为止。

② 实验过程中，气瓶、风机、喷淋液的开启顺序为先开喷淋液，再开风机，最后开气瓶，前两者顺序可以互换。实验结束，先关闭气瓶，2～3min 后再关闭风机和循环水泵。

③ 在实验过程中，一定要将吸收塔的尾气通过管道排放至室外，并将实验室的门窗打开，以保持实验室内良好的通风状态。

④ 实验结束后，一定要关闭气瓶，放空吸收液，并用清水清洗管路和填料塔以及水箱。

⑤ $NaClO_2$ 为强氧化剂，与有机物接触会发生爆炸，在酸性条件下易剧烈反应而爆炸，分解出有毒气体 ClO_2，配制时先配制一定浓度的碱液，然后将 $NaClO_2$ 慢慢溶解于碱液中。配制时做好防护，戴手套、护目镜及防毒面具。

（5）实验数据记录与处理

① 实验结果记录表。

a. 以 NaOH 作为吸收剂，$NaClO_2$ 浓度变化测得的实验数据表。$NaClO_2$/NaOH 浓度变化测定结果记录表见表 4-6。

表 4-6 $NaClO_2$/NaOH 浓度变化测定结果记录表

固定喷淋液体流量 Q_L ________ L/h，气体流量 Q_s ________ m^3/h

实验次数	NaOH 浓度 /(mol/L)	$NaClO_2$ 浓度 /(mol/L)	原气浓度 ρ_1 /($\mu g/m^3$)	净化后浓度 ρ_2 /($\mu g/m^3$)	净化效率 η/%
1					
2					
3					
4					
5					

b. 以 Na_2CO_3 作为吸收剂，$NaClO_2$ 浓度变化测得的实验数据表。$NaClO_2$/ Na_2CO_3 浓度变化测定结果记录表见表 4-7。

表 4-7 $NaClO_2$/ Na_2CO_3 浓度变化测定结果记录表

固定喷淋液体流量 Q_L ________ L/h，气体流量 Q_s ________ m^3/h

实验次数	Na_2CO_3 浓度 /(mol/L)	$NaClO_2$ 浓度 /(mol/L)	原气浓度 ρ_1 /($\mu g/m^3$)	净化后浓度 ρ_2 /($\mu g/m^3$)	净化效率 η/%
1					
2					
3					
4					
5					

② 吸收塔的平均净化效率。

$$\eta=\left(1-\frac{\rho_2}{\rho_1}\right)\times 100\% \tag{4-7}$$

式中 ρ_1——标准状况下吸收塔入口处气体中 NO 的质量浓度，mg/m^3；

ρ_2——标准状况下吸收塔出口处气体中 NO 的质量浓度，mg/m^3。

③ 不同吸收剂净化效率和 $NaClO_2$ 浓度的关系曲线。整理 5 组不同 $NaClO_2$ 浓度 C 和 η 资料，分别绘制以 NaOH 和 Na_2CO_3 作为吸收剂的 C-η 曲线，分析氧化剂浓度和不同吸收剂对脱硝效果的影响。

（6）思考题

① 根据实验结果得到的曲线，可以得出哪些结论？

② 不同吸收剂下处理效果不同的原因是什么？

③ 湿法脱硝应用场所有哪些？

④ 湿法脱硝与 SCR 脱硝的应用场所和工艺条件有什么不同？

⑤ 吸收液中，$NaClO_2$ 和 NaOH/ Na_2CO_3 各起什么作用？

4.3 粉尘粒径分布的测定及除尘实验

该实验包括 4 部分内容：粉尘粒径分布测定实验、旋风除尘实验、静电除尘实验以及袋式除尘实验。学生通过实验了解粉尘粒径对三种除尘器除尘效率的影响，比较三种除尘器除尘效率和压力损失。

4.3.1 粉尘粒径分布测定实验

（1）实验目的

① 了解筛分法和激光粒度分析仪测粉尘粒度分布的原理和方法，能够正确操作筛分实验装置和激光粒度分析仪；

② 能够根据筛分数据绘制粒度累积分布曲线、频率分布曲线和频率密度分布曲线。

（2）实验原理

① 筛分法测定粒径分布原理。使粉尘依次通过一套筛孔渐小的标准筛网，按尘粒大小不同进行机械分离，分别测定筛上物料的质量，作为粒度分析数据。根据分离的结果计算筛上质量分数和筛下质量分数，绘制筛上、筛下累积分布曲线、频率分布曲线和频率密度分布曲线。

② 激光粒度分析仪测定原理。采用全量程米氏散射理论，充分考虑被测颗粒和分散介质的折射率等光学性质，根据大小不同的颗粒在各角度上散射光强的变化反演出颗粒群粒度分布的数据。

（3）实验仪器与材料

① 标准筛，用于筛分；

② 激光粒度分析仪；

③ 托盘，收集粉尘；

④ 分析天平；

⑤ 烘箱；

⑥ 粉煤灰、滑石粉或其他非吸湿性粉尘。

（4）实验步骤

① 筛分法测定粒径分布。

a. 均匀称取 500g 已烘至恒重的样品于已知质量的烧杯中。

b. 将筛网按网目大小由下往上叠置，最下面的筛子为 180 目筛。

c. 将称取的样品放入上层筛网，振荡筛分 30～40min，至筛下基本无颗粒筛出为止，取出各层筛网粉尘称重，记录。

d. 将 180 目筛下样品倒入 200 目筛子，进行湿筛，至筛下基本无颗粒筛出为止，将筛上、筛下样品分别过滤，放入称量瓶中，于 80℃烘干至恒重，称量。

② 激光粒度分析仪测定粒径分布。

a. 开机预热 15～20min。

b. 运行颗粒粒度测量分析系统。

c. 新建数据文件夹，选择合适的目录保存，然后打开新建的数据文件夹。

d. 向样品池中倒入分散介质，分散介质液面刚好没过进水口上侧边缘，打开排水阀，当看到排水管有液体流出时关闭排水阀（排出循环系统的气泡），开启循环泵，使循环系统中充满液体。

e. 点“基线测试”按钮，使测试软件进入基准测量状态，系统自动记录前 10 次基准的测量平均结果，刷新完 10 次后，按“下步”按钮，系统进入动态测试状态。

f. 关闭循环泵，抬起搅拌器，将适量样品（根据遮光比控制加入样品的量）放入样品池中，如有必要可加入相应的分散剂。

g. 启动超声，并根据被测样品的分散难易程度选择适当的超声时间（一般为1～10min）。

h. 启动搅拌器，并调节至适当的搅拌速度，使被测样品在样品池中分散均匀。

i. 启动循环泵，如果加入样品的遮光比超过0.1，则会显示测量结果（如果遮光比小于0.1，则被认为是正常的基准波动），测试软件窗口显示测试数据，当数据稳定时存储（或随机存储）测试数据。

j. 数据存储完毕，打开排水阀，被测液排放干净后关闭排水阀，加入清水或其他液体冲洗循环系统，重复冲洗至测试软件窗口粒度分布无显示时说明系统冲洗完毕；如果选择有机溶剂作为介质，要清洗掉粘在循环系统内壁上的油性物质。

k. 对存储后的测量结果可以进行平均、统计、比较和模式转换等操作。

l. 实验结束切断总电源，用罩罩住仪器。

（5）注意事项

① 对物料进行筛分时，物料颗粒的物理性质（如表面积、含水率等）对筛分效率有较大的影响，因此在实验前应对试样进行处理，使之达到实验要求。

② 筛分所测得的颗粒大小分布还取决于下列因素：筛子表面的几何形状（如开口面积/总面积）、筛孔的偏差、筛子的磨损，物料颗粒位于同一筛孔处的概率与粉末颗粒大小分布、筛面上颗粒的数量、摇动筛子的方法、筛分的持续时间等。不同筛子和不同操作都对实验结果有影响。因此，实验前应仔细检查设备的状态，按要求进行实验操作。

③ 筛分实验中，取样误差、试样筛分时的丢失和筛分后称量的错误等也会使实验产生误差，实验时应注意这三个环节。

（6）实验数据记录及处理

① 筛分实验数据记录及处理。

a. 筛分实验结果记录见表4-8。

表4-8 筛分实验结果记录表

目数/目	筛网孔径 d_i/μm	Δd_i/μm	平均粒径 $\overline{d_i}$/μm	筛上试料质量 W_i/g	分级质量分数 f_i/%	筛上累积百分比 R/%	筛下累积百分比 D/%	频率密度 p_i/(%/μm)

根据筛分结果绘制筛上累积分布曲线、筛下累积分布曲线和频率分布曲线。

b. 累积分布曲线分为筛上累积分布曲线、筛下累积分布曲线。

筛上累积分布曲线：累积残留在筛网上的粒子质量占全部试料质量的百分比 R（%）。

$$R=\frac{\sum W_i}{W_0}\times 100\% \tag{4-8}$$

式中，$\sum W_i$ 为累积在第 i 层及以上层筛网的试料总质量，g；W_0 为试料总质量，g。以筛网孔径代表粒径 d，以 R 对 d 作图，即筛上累积分布曲线。

筛下累积分布曲线：累积通过筛网的试料占试料总质量的百分比 D（%），即 $D=100-R$；以 D 对 d 作图，即筛下累积分布曲线。

c. 频率分布曲线：以分级质量分数 f_i 对平均粒径作图，即得频率分布曲线。

$$f_i=\frac{\sum W_i}{W_0}\times 100\% \tag{4-9}$$

平均粒径的计算：

$$\overline{d_i}=\frac{d_i+d_{i+1}}{2} \tag{4-10}$$

d. 频率密度（p）分布曲线：以频率密度 p_i 对平均粒径作图，即得频率密度分布曲线。

$$p_i=\frac{f_i}{\Delta d_i} \tag{4-11}$$

频率密度分布曲线上，拐点最大值对应的粒径为众径 d_d。

② 激光粒度分析仪测定。对仪器存储后的测量结果进行平均、统计、比较和模式转换等操作，输出粒度分布曲线，对结果进行分析。

（7）思考题

① 筛分实验中，200 目及以上目数筛网上的粉尘为什么要进行湿筛？

② 累积分布曲线、频率和频率密度分布曲线可以为除尘提供哪些信息？

③ 筛上和筛下累积分布曲线随粒径变化趋势是怎样的？

4.3.2 旋风除尘实验

（1）实验目的

① 了解旋风除尘实验装置的流程、单元组成，能够正确操作旋风除尘装置；

② 针对旋风除尘器影响因素，能够独立选取实验参数，并对风量、粉尘浓度、压力降等指标进行正确测定；

③ 能够利用除尘理论知识分析并解决旋风除尘实验过程中出现的问题；

④ 应用作图软件对实验结果进行处理，并结合粉尘粒径分布实验获得分割粒径，利用理论知识进行分析讨论，针对实验异常现象分析原因，得出有效结论；

⑤ 提高学生对旋风除尘技术基本知识和实验技能的综合应用能力，以及通过实验方案设计和实验结果分析，提高创新能力。

（2）实验原理

旋风除尘器是利用旋转气流所产生的离心力将尘粒从含尘气流中分离出来的除尘装置。旋转气流的绝大部分沿器壁自圆筒体呈螺旋状由上向下向圆锥体底部运动，形成下降的外旋含尘气流，在强烈旋转过程中所产生的离心力将密度远远大于气体的尘粒甩向器壁，尘粒一旦与器壁接触，便失去惯性力而靠入口速度的动量和自身的重力沿壁面下落进入集灰斗。旋转下降的气流在到达圆锥体底部后，沿除尘器的轴心部位转而向上，形成上升的内旋气流，并由除尘器的排气管排出。

（3）实验装置

旋风除尘实验装置见图 4-5。主要技术参数及指标：风量 300～700m^3/h，入口气体含尘浓度＜50g/m^3，除尘效率 70%～80%，压力降＜2000Pa。实验装置组成和规格：①有机玻璃旋风除尘器主体及粉尘布灰装置 1 套；②透明有机玻璃进灰管段 1 套；③自动粉尘加料装置（包括加灰漏斗和自动加灰系统 1 套、带调速电机 1 台）及卸灰装置（包括集尘室）1 套；④进出口风管 1 套；⑤测试孔 2 组；⑥高压离心风机 1 套、电动机 1 台，电机功率 1.1kW、电压 220V、转速 2900r/min、风压 280mmH_2O[1]；⑦风量调节阀 1 套；⑧电控箱 1 只；⑨漏电保护开关 1 套；⑩按钮开关 2 只；⑪电源线 1 套；⑫不锈钢支架 1 套。

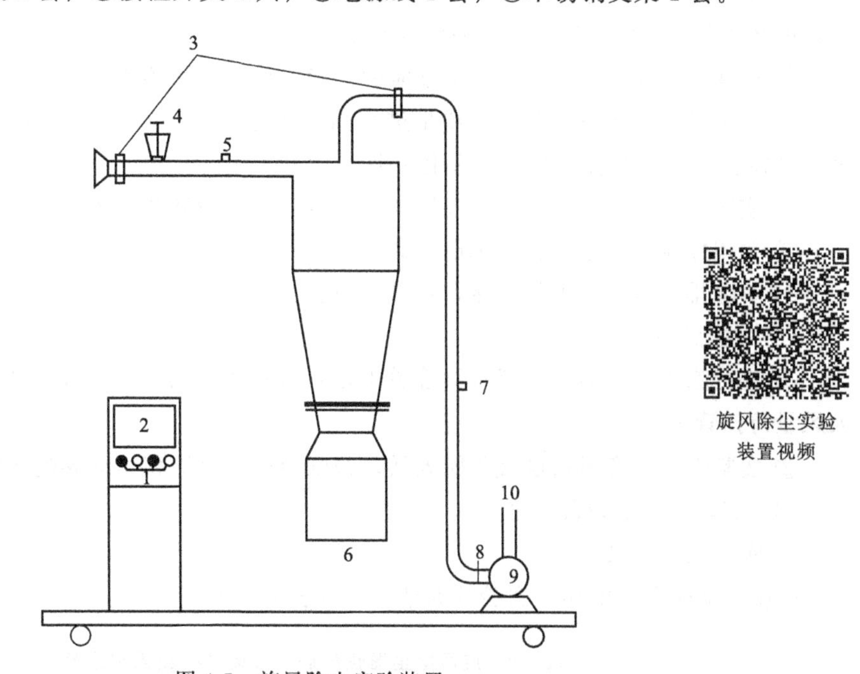

图 4-5 旋风除尘实验装置

1—控制按钮；2—控制面板；3—测压环；4—加灰漏斗；5—进口采样口；6—卸灰斗；7—出口采样口；8—调风阀；9—风机；10—出口采样口

旋风除尘装置由进气管、排气管、旋风除尘器主体、电气控制箱、离心风机、自动粉尘加料装置、卸灰斗及采样检测系统组成。进、排气管道上设有风速及风量测量采样口、测压孔、粉尘浓度采样口。旋风除尘器主体包括筒体、锥体，其尺寸及进、排气管尺寸参数均对除尘效率有重要影响。实验装置设有电气控制箱，用于系统中风机、发尘电机的运行控制。自动粉尘加料装置采用调速电机控制搅拌器，配制不同浓度的含尘气体。离心风机为系统运行提供动力，通过变频器调节风量。卸灰斗位于除尘器底部，为法兰连接的可拆卸卸灰装置。除尘效率可采用便携式微电脑粉尘仪测定进出口粉尘浓度法计算，也可采用称重法测

[1] 1mmH_2O=9.81Pa。

定。压力降可由连接进、排气管道测压孔上的U形压力计直接测出。用皮托管和数字压力计测量管道风速。

(4) 实验步骤

① 首先检查设备系统外况和全部电气连接线有无异常，如管道设备无破损、U形压力计内部水量适当，将设备推拉至实验室合适位置，排气口与烟道连接，插上电源插头。

② 打开电控箱总开关，合上触电保护开关。

③ 启动电控箱面板上的主风机开关，通过变频器分别设定5个频率，利用皮托管和数字压力计测出所对应的管道风速，计算进出口风速。

④ 将一定量的粉尘加入自动发尘装置，然后启动自动发尘装置电机，并调节转速控制加灰速率。

⑤ 对除尘器进出口气流中的含尘浓度进行测定，并通过U形压力计记录该工况下的旋风除尘器压力损失（读取稳定后的5个连续值）；也可通过计量加入的粉尘量和捕集的粉尘量，即卸灰装置实验前后的增重来估算除尘效率。

⑥ 改变系统风量5次，重复上述实验，确定旋风除尘器在各种工况下的性能。

⑦ 收集某一工况下灰斗中的粉尘进行筛分实验，结合原粉尘筛分结果得到旋风除尘器分割粒径、分级除尘效率以及总除尘效率。

⑧ 实验完毕后依次关闭发尘装置、主风机，并清理卸灰装置。

⑨ 关闭控制箱主电源，拔掉电源插头。

⑩ 解除排气口与烟道的连接，将设备归位。

旋风除尘实验操作步骤视频

(5) 注意事项

① 进行除尘实验前，注意查看管道中是否有积尘，若存在积尘，须采用大风量清扫管道。

② 实验中，注意风量设置不能太低，否则会造成管道积尘而影响测定结果。

(6) 实验数据记录及处理

① 实验结果记录。

a. 旋风除尘器性能测定实验数据结果记录表见表4-9。

表4-9　旋风除尘器性能测定实验数据结果记录表

实验温度_______℃，湿度_______%

测定次数	除尘器进气管			除尘器排气管			ΔP	v_1	W	W_0	除尘效率 η
	Q_{s1}	P_1	ρ_1	Q_{s2}	P_2	ρ_2					
1											
2											
3											
4											
5											

注：ρ_1、ρ_2 为进出口粉尘浓度，mg/m^3；P_1、P_2 为U形压力计读数，mmH_2O；Q_{s1}、Q_{s2} 为进出口风量，m^3/h；v_1 为旋风除尘器入口速度，m/s；W、W_0 为收集粉尘、发尘质量，mg。

b. 分级除尘效率实验数据记录表见表 4-10。

表 4-10 分级除尘效率实验数据记录表

平均粒径 /μm	原粉尘质量 W_{0i}/g	收集粉尘质量 W_i/g	粒径分布 f_i/%	分级除尘效率 η_i/%	总除尘效率 η/%

② 旋风除尘效率计算。采用粉尘浓度计算：$\eta=\left(1-\frac{\rho_2 Q_{s2}}{\rho_1 Q_{s1}}\right)\times100\%$。采用称重法计算：$\eta=\frac{W}{W_0}\times100\%$。

③ 分级除尘效率计算：$\eta_i=\frac{W_i}{W_{0i}}\times100\%$。根据分级除尘效率计算总除尘效率：$\eta=100\sum\eta_i f_i$。

④ 整理不同 v_1 下的 ΔP、η 资料，绘制 v_1-ΔP 和 v_1-η 曲线，分析入口速度对旋风除尘器压力损失、除尘效率的影响。

⑤ 分级除尘效率及分割粒径的确定。根据表 4-10 数据计算分级除尘效率，并列于表中，并由分级除尘效率计算总除尘效率。以分级除尘效率 η_i 对平均粒径作图，确定分割粒径（除尘效率为 50%对应的粒径）。

⑥ 进行误差分析。

（7）思考题

① 画出旋风除尘器除尘原理示意图。

② 简述旋风除尘器主要应用领域及可以处理何种含尘废气。

③ 通过实验，根据旋风除尘器全效率和阻力随入口气速的变化规律可以得出什么结论？它对除尘器的选择和运行使用有何意义？

④ 实验中还存在什么问题？应如何改进？

4.3.3 静电除尘实验

（1）实验目的

除尘效率是除尘器的基本技术性能之一。静电除尘器除尘效率的测定是了解静电除尘器工作状态和运行效果的重要手段。通过实验，要求达到以下几个目的：

① 了解静电除尘实验装置的流程、单元组成，能够正确操作静电除尘装置；

② 针对静电除尘器影响因素，能够独立选取实验参数，并对风量、粉尘浓度、压力降等指标进行正确测定；

③ 能够利用除尘理论知识分析并解决静电除尘实验过程中出现的问题；

④ 应用作图软件对实验结果进行处理，利用理论知识进行分析讨论，针对实验异常现

象分析原因，得出有效结论；

⑤ 提高学生对静电除尘技术基本知识和实验技能的综合应用能力，以及通过实验方案设计和实验结果分析，提高创新能力。

（2）实验原理

静电除尘器的除尘原理是使含尘气体的粉尘微粒在高压静电场中荷电，荷电尘粒在电场的作用下，趋向集尘极和放电极，带负电荷的尘粒与集尘极接触后失去电子，成为中性尘粒而黏附于集尘极表面上，少数带电荷尘粒沉积在截面很小的放电极上，然后借助于振打装置使电极抖动，将尘粒脱落到集灰斗内，达到收尘目的。

静电除尘器中的除尘过程大致可分为三个阶段：

① 粉尘荷电。在放电极与集尘极之间施加直流高电压，使放电极发生电晕放电，气体电离，生成大量的自由电子和正离子。在放电极附近的所谓电晕区内正离子立即被电晕极（假定带负电）吸引过去而失去电荷。自由电子和随即形成的负离子则因受电场力的驱使向集尘极（正极）移动，并充满两极间的绝大部分空间。含尘气流通过电场空间时，自由电子、负离子与粉尘碰撞并附着其上，便实现了粉尘的荷电。

② 粉尘捕集。荷电粉尘在电场中受电场力的作用被驱往集尘极，经过一定时间后到达集尘极表面，放出所带电荷而沉积其上。

③ 清灰。集尘极表面上的粉尘沉积到一定厚度后，用机械振打等方法使其落入下部灰斗中。放电极也会附着少量粉尘，隔一定时间也需进行清灰。

（3）实验装置

静电除尘实验装置见图 4-6。设备主要技术参数及指标：电场电压 0～20kV，电晕极有效驱进速度 100mm/s，通道数 3 个，断面气流速度 1.0m/s，入口气体的含尘浓度$<30\text{g/m}^3$，除尘效率≥95%，压力降<200Pa。实验装置的组成和规格：①静电除尘器有机玻璃壳体 1 套；②喇叭形进灰均流管段 1 套；③高压静电发生器 1 套；④不锈钢集尘板 3 块；⑤不锈

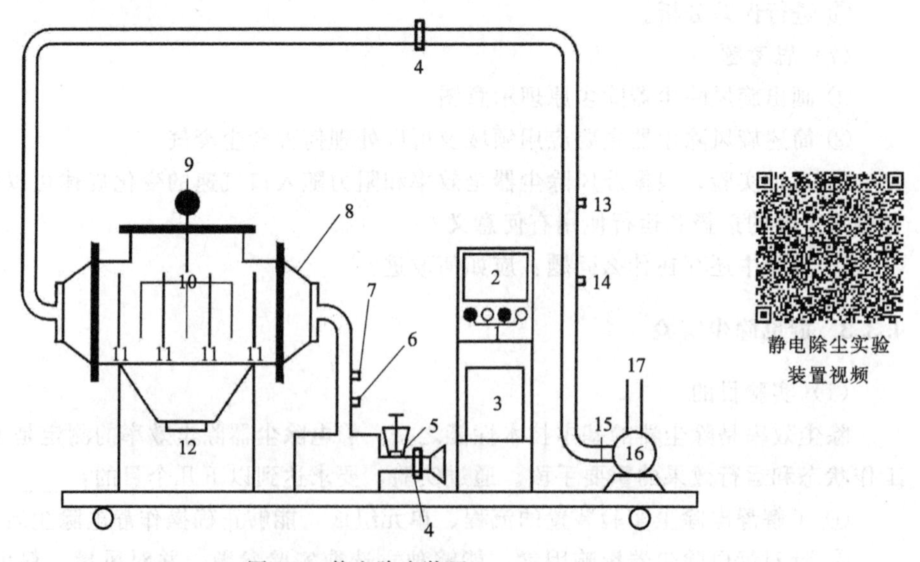

图 4-6　静电除尘装置

1—控制按钮；2—控制面板；3—高压电源；4—测压环；5—加灰漏斗；6—进口浓度检测口；7—进口风速检测口；8—静电除尘器；9—振打装置；10—电晕电极；11—集尘板；12—卸灰斗；13—出口风速检测口；14—出口浓度检测口；15—调风阀；16—风机；17—排气口

钢电晕电极3组；⑥排气管道1套；⑦出口风管1套；⑧振打电机（电机功率30W、220V）1套；⑨测试孔2组；⑩自动粉尘加料装置1套；⑪卸除灰尘装置1套；⑫直流输出电流表1只；⑬直流输出电压表1只；⑭调压器1台；⑮电源控制开关1套；⑯振打电机控制开关1套；⑰电源指示灯1个；⑱过压指示灯1个；⑲金属仪表控制箱1只；⑳漏电保护开关1套；㉑高压离心通风机1套；㉒电动机（1.1kW）1套；㉓风量调节阀1套；㉔自动化气尘混合系统1套；㉕不锈钢支架1套。

静电除尘装置由进、排气管、静电除尘器、高压静电发生器、电气控制箱、离心风机、卸灰斗、自动粉尘加料装置、振打清灰系统及采样检测系统组成。进、排气管道上设有风速和风量测量采样口、测压孔、粉尘浓度采样口。静电除尘器主体包括电晕电极和集尘板，为三通道，电晕电极位于两极板中心位置；电晕电极的尺寸和形状会影响电晕电流的大小和均匀性；集尘板起集尘的作用，其尺寸、极板之间的距离等都会影响除尘效率。高压静电发生器在放电极与集尘极之间施加直流电压，为电晕电极提供起晕电压。实验装置设有电气控制箱，用于系统中风机、发尘电机、振打电机的运行控制。自动粉尘加料装置采用调速电机控制搅拌器，配制不同浓度的含尘气体。离心风机为系统运行提供动力，通过变频器调节风量。静电除尘器通过振打装置进行清灰，灰斗位于除尘器底部，为法兰连接的可拆卸卸灰装置，实验中采用人工卸灰。静电除尘效率可采用便携式微电脑粉尘仪测定进出口粉尘浓度法计算，也可采用称重法测定。压力降可由连接进、排气管道测压孔上的U形压力计直接测出。用皮托管和数字压力计测量管道风速。

（4）实验步骤

① 首先检查设备系统外况和全部电气连接线有无异常，如管道设备无破损、U形压力计内部水量适当，将设备推拉至实验室合适位置，排气口与烟道连接，插上电源插头。

② 打开电控箱总开关，合上触电保护开关。

③ 启动电控箱面板上的主风机开关，通过变频器分别设定频率，利用皮托管和数字压力计测出所对应的进、排气管道风速或风量，计算漏风率。

④ 将电晕电极调整至两极板中心位置。将高压电源设备控制器的电源插头插入交流220V插座中，控制器接通电源后，电压绿色信号灯亮。

⑤ 将高压电源输入电压开关旋柄拨于“开”的位置，顺时针缓慢旋转电压调节手柄，使电压慢慢升高，当输出电压达到实验要求值，电除尘器开始工作，记录输出电压U和电流I。

⑥ 将一定量的粉尘加入自动发尘装置灰斗，然后启动自动发尘装置电机，并调节转速控制加灰速率。

⑦ 对除尘器进出口气流中的含尘浓度进行测定，计算除尘效率，并通过U形压力计记录该工况下的静电除尘器压力损失；也可通过计量加入的粉尘量和捕集的粉尘量即卸灰装置实验前后的增重来估算除尘效率。

⑧ 每组实验完毕，先关闭发尘装置，然后将高压电源调压手柄旋回零位，将旋柄拨回“关”的位置，则高压电源切断，电压信号灯灭，最后关闭风机。

⑨ 启动振打电机进行清灰，每周期清灰时间3min、停止5min。待设备内粉尘沉降后，清理卸灰装置。

⑩ 保持风量不变，尽可能维持进口粉尘浓度不变，改变电场电压（低于火花放电电压），测定除尘效率，测5组数据，考察电场电压对除尘效率的影响。

⑪ 实验结束，关闭控制箱主电源，拔掉电源插头。

⑫ 解除排气口与烟道的连接，将设备归位。

静电除尘实验
操作步骤视频

（5）注意事项

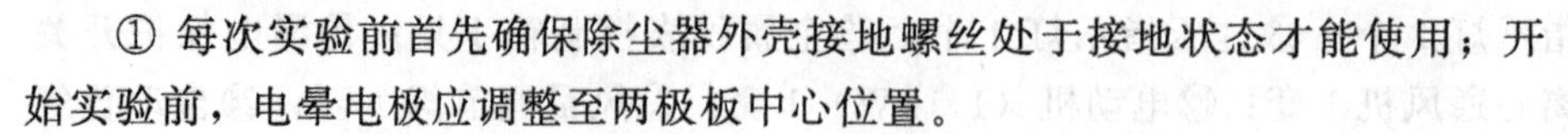

① 每次实验前首先确保除尘器外壳接地螺丝处于接地状态才能使用；开始实验前，电晕电极应调整至两极板中心位置。

② 检查全部电气连接线配接和电场高压进线是否正确，检查无误后，把高压电源电压调节旋钮转至“0”位，关闭电源，再把高压变压器与控制箱之间的电源线接通。

③ 从高压静电发生器引出的红色电线为高压线，其所经过的区域为高压危险区，在电除尘器运行时切勿靠近。

④ 电压、电流应逐步升高，调至正常电压为止，其数值不得超过额定最大值。

⑤ 若静电除尘器过压运行，高压静电发生器红灯亮起，此时应立刻关闭高压静电除尘器电源，并将输入电压旋钮转至“0”，关闭高压电源，1～3min后再重新启动。

⑥ 每一组实验结束，断电后，高压部分仍有残留电荷，必须使高压部分与地短路消去残留电荷，再按要求做下一组实验。

⑦ 经过一段时间实验后，应将放电极、集尘极和灰斗中的粉尘清理干净，以保证前后实验结果的可比性。

⑧ 实验过程中控制粉尘浓度不处于爆炸浓度范围。

（6）实验数据记录与计算

① 实验结果记录。电场电压对除尘效果影响测定结果记录表见表4-11。

表4-11 电场电压对除尘效果影响测定结果记录表

温度____℃，湿度____，Q_{s1} ____m^3/h，Q_{s2} ____m^3/h，ΔP ____Pa

实验次数	U	I	ρ_1	ρ_2	W	W_0	除尘效率η/%
1							
2							
3							
4							
5							

注：U为直流电压，kV；I为直流电流，mA；ΔP为U形压力计读数，Pa；ρ_1、ρ_2为进出口粉尘浓度，mg/m^3；Q_{s1}、Q_{s2}为进出口风量，m^3/h；W、W_0为收集粉尘、发尘质量，mg。

② 除尘效率计算。采用粉尘浓度计算：$\eta=\left(1-\frac{\rho_2 Q_{s2}}{\rho_1 Q_{s1}}\right)\times 100\%$。采用称重法计算：$\eta=\frac{W}{W_0}\times 100\%$。

除尘器漏风率δ计算：$\delta=\frac{Q_{s1}-Q_{s2}}{Q_{s1}}\times 100\%$。

③ 除尘效率与直流高电压U_2的关系。在Q_s固定的情况下，整理5组不同U下的η资料，绘制U-η曲线，分析直流电压对静电除尘器除尘效率的影响。

(7) 思考题

① 简述静电除尘器的工作原理、电晕电极为什么常采用负极。

② 参照实验装置说明静电除尘装置的各部分构成及用途。

③ 说明颗粒荷电的主要方式，与颗粒的直径有何关系。

④ 简述电晕闭塞的形成原因。

⑤ 简述反电晕现象及其成因。

⑥ 粉尘的比电阻指的是什么？其对电除尘效果有何影响？一般比电阻应在什么量级才适合用静电除尘器除尘？

⑦ 简述除尘器气流分布不均时对除尘效果带来的影响。

⑧ 工业上用的静电除尘器是如何清灰的？

⑨ 静电除尘器的除尘性能与粉尘的粒径有何关系？

4.3.4 袋式除尘实验

(1) 实验目的

袋式除尘器利用织物过滤含尘气体使粉尘沉积在织物表面上以达到净化气体的目的，它是工业废气除尘方面应用广泛的高效除尘器，本实验主要考察这类除尘器的性能。袋式除尘器的除尘效率和压力损失必须由实验测定。通过实验，要求达到以下目的：

① 了解袋式除尘实验装置的流程、单元组成，能够正确操作袋式除尘装置；

② 针对袋式除尘器影响因素，能够独立选取实验参数，并对风量、粉尘浓度、压力降等指标进行正确测定；

③ 能够利用除尘理论知识分析并解决袋式除尘实验过程中出现的问题；

④ 应用作图软件对实验结果进行处理，利用理论知识进行分析讨论，针对实验异常现象分析原因，得出有效结论；

⑤ 提高学生对除尘技术基本知识和实验技能的综合应用能力，以及通过实验方案设计和实验结果分析，提高创新能力。

(2) 实验原理与方法

含尘气流从下部进入圆筒形滤袋，在通过滤料的孔隙时，因截留、惯性碰撞、静电和扩散等作用，粉尘被捕集于滤料上，在滤袋表面形成粉尘层，常称为粉尘初层。粉尘初层形成后，成为袋式除尘器的主要过滤层，提高了除尘效率。沉积在滤料上的粉尘，在机械振动的作用下从滤料表面脱落，落入灰斗中。

(3) 实验装置

袋式除尘实验装置见图 4-7。设备主要技术参数及指标：气体流动方式为逆流内滤式，动力装置布置为负压式；处理气量为 $100m^3/h$，过滤速度为 1m/min；环境温度为 5～40℃；设备净化效率大于 99%；设备压损为 800～1200Pa。实验装置的组成和规格：①有机玻璃制袋式除尘器（800mm×600mm）1 套；②滤袋材质涤纶针刺毡覆膜、过滤面积 $0.35m^2$、ϕ160mm×700mm、6 个；③粉尘卸灰装置、接灰斗 1 套；④自动发尘加料装置 1 套；⑤有机玻璃喇叭形进灰均流管段 1 套；⑥振打装置（调速电机及调速器 1 套）1 套；⑦监测口 2 组；⑧连接管段 1 套；⑨进出口风管 1 套；⑩高压离心风机 1 套、1.1kW 电机 1 台；⑪风量调节阀 1 套；⑫排灰管道 1 套；⑬仪表电控箱 1 只；⑭漏电保护开关 1 套；⑮按钮开关 1 套；⑯自动化气尘混合系统 1 套；⑰电源线 1 套；⑱不锈钢支架 1 套。

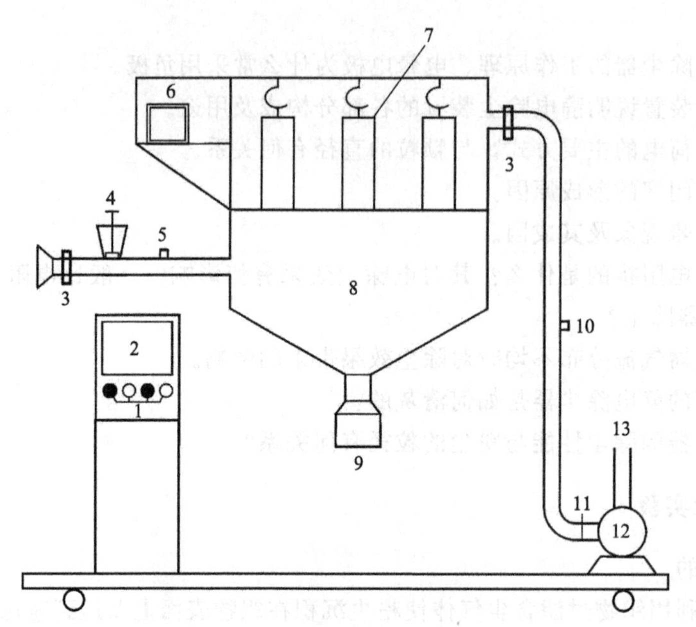

袋式除尘实验装置视频

图 4-7　袋式除尘实验装置

1—控制按钮；2—控制面板；3—测压环；4—加灰漏斗；5—进口采样口；6—振打电机；7—滤袋（共 6 个）；8—布气室；9—卸灰斗；10—出口采样口；11—调风阀；12—风机；13—排气口

袋式除尘装置由进气管、排气管、袋式除尘器主体、电气控制箱、高压离心风机、自动粉尘加料装置、振打清灰系统及采样检测系统组成。进、排气管道上设有风速和风量测量采样口、测压孔、粉尘浓度采样口。袋式除尘器包括布气室、袋室和 6 个含涤纶针刺毡覆膜滤袋，气体流动方式为逆流内滤式。实验装置设有电气控制箱，用于系统中风机、发尘电机、振打电机的运行控制。自动粉尘加料装置采用调速电机控制搅拌器，配制不同浓度的含尘气体。高压离心风机为系统运行提供动力，通过变频器调节风量。袋式除尘器通过振打装置进行清灰，灰斗位于除尘器底部，为法兰连接的可拆卸的卸灰装置。袋式除尘器运行性能用除尘效率和压力降反映。除尘效率可采用便携式微电脑粉尘仪测定进出口粉尘浓度计算，也可采用称重法测定。压力降可由连接进、排气管道测压孔上的 U 形压力计直接测出。用皮托管和数字压力计测量管道风速。

（4）实验方法和步骤

① 首先检查设备系统外况和全部电气连接线有无异常，如管道设备无破损、U 形压力计内部水量适当，将设备推拉至实验室合适位置，排气口与烟道连接，插上电源插头开始操作。

② 打开电控箱总开关，合上触电保护开关。

③ 启动电控箱面板上的主风机开关，通过变频器分别设定 5 个频率，利用皮托管连接压力计在除尘器进、出口测量并记录各断面平均气流速度、除尘器处理气体流量，计算漏风率（δ）和过滤速度（v_F）。

④ 将一定量的粉尘加入自动发尘装置灰斗，然后启动自动发尘装置电机，调节转速控制加灰速率，调整好发尘浓度（ρ_1），使实验系统运行达到稳定（1min 左右）。

⑤ 利用便携式微电脑粉尘仪对除尘器进出口气流中的含尘浓度进行测定，计算除尘效率。

⑥ 通过U形压力计记录该工况下的袋式除尘器压力损失；压力损失应在除尘器处于稳定运行状态下，每间隔3min连续测定并记录5次数据，取其平均值ΔP作为除尘器的压力损失。

⑦ 当U形压力计显示的除尘器压力损失上升到1000Pa时，可在主风机正常运行的情况下启动振打电机2min进行清灰即可，振打电机的启动频率取决于入口气流中的粉尘负荷。若在处理风量较大的运行工况下采用以上方式清灰后设备压降仍继续上升到1500Pa以上时，则须关闭风机、停止进气，振打滤袋5min，使滤袋黏附粉尘脱落、下落到灰斗，然后重新开启风机进气，使袋式除尘器重新开始工作。

⑧ 改变气体流量，稳定运行1min后，按上述方法，测取5组数据，考察过滤速度对袋式除尘器除尘效率的影响。

⑨ 实验完毕后依次关闭发尘装置、主风机，并清理卸灰装置。

⑩ 关闭控制箱主电源，拔掉电源插头。

⑪ 检查设备状况，解除排气口与烟道的连接，将设备归位。

操作视频扫描袋式除尘实验操作步骤视频二维码获取。

袋式除尘实验操作步骤视频

(5) 注意事项

① 实验过程中，应尽量保证在相同的清灰条件下进行。

② 注意观察在除尘过程中压力损失的变化。

③ 尽量保持在实验过程中发尘浓度基本不变。

④ 注意及时清灰，滤袋使用一定时间后要进行更换。

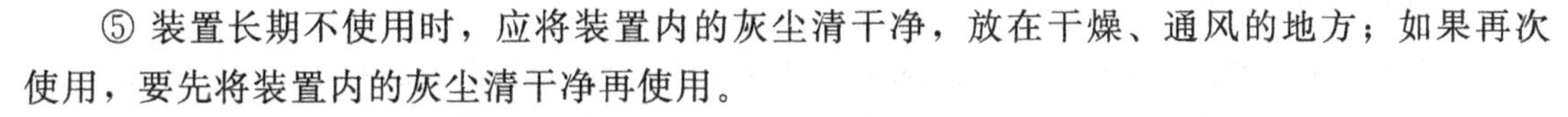

⑤ 装置长期不使用时，应将装置内的灰尘清干净，放在干燥、通风的地方；如果再次使用，要先将装置内的灰尘清干净再使用。

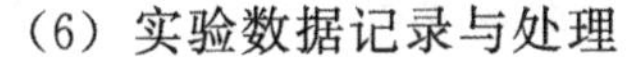

(6) 实验数据记录与处理

① 运行参数、除尘效率测量与计算。袋式除尘器性能与结构形式、滤料种类、清灰方式、粉尘特性及运行参数等因素有关。本装置在结构、滤料种类、清灰方式和粉尘特性已定的前提下，测定袋式除尘器性能指标，并在此基础上，测定运行参数Q_s、v_F对除尘器压力损失（ΔP）和除尘效率（η）的影响。

a. 管道中气体流量的测定。利用皮托管连接压力计可测定袋式除尘器处理气体量（Q_s），应同时测出除尘器进、出口连接管道中的气体流量，取其平均值作为除尘器的处理气体流量。

$$Q_s=\frac{Q_{s1}+Q_{s2}}{2} \tag{4-12}$$

式中，Q_{s1}、Q_{s2}分别为袋式除尘器进、出口连接管道中的气体流量，m^3/s。

除尘器漏风率（δ）按式（4-13）计算：

$$\delta=\frac{Q_{s1}-Q_{s2}}{Q_{s1}}\times 100\% \tag{4-13}$$

一般要求除尘器的漏风率小于±5%。

b. 过滤速度v_F的计算。

$$v_F=\frac{60Q_s}{F} \tag{4-14}$$

式中，F为袋式除尘器总过滤面积，m^2。

c. 压力损失的测定和计算。袋式除尘器压力损失（ΔP）由通过清洁滤料的压力损失（ΔP_f）和通过颗粒层的压力损失（ΔP_p）组成。袋式除尘器的压力损失（ΔP）为除尘器进、出口管道中气流的平均全压之差。当袋式除尘器进、出口管道的断面面积相等时，则可采用其进、出口管道中气体的平均静压之差计算，即

$$\Delta P=P_1-P_2 \tag{4-15}$$

式中，P_1 为除尘器入口处气体的全压或静压，Pa；P_2 为除尘器出口处气体的全压或静压，Pa。

袋式除尘器的压力损失与其清灰方式和清灰制度有关。当采用新滤料时，应预先发尘运行一段时间，使新滤料在反复过滤和清灰过程中残余粉尘基本达到稳定后再开始实验。

考虑到袋式除尘器在运行过程中，其压力损失随运行时间产生一定变化，因此，在测定压力损失时，应每隔一定时间连续测定（一般为 5 次），并取其平均值作为除尘器的压力损失（ΔP）。

d. 除尘效率的测定和计算。除尘效率采用质量浓度法测定，即用等速采样法同时测出除尘器进、出口管道中气流平均含尘浓度 ρ_1 和 ρ_2，按式（4-16）计算。

$$\eta=\left(1-\frac{\rho_2 Q_{s2}}{\rho_1 Q_{s1}}\right)\times 100\% \tag{4-16}$$

由于袋式除尘器效率高，除尘器进、出口气体含尘浓度相差较大，为保证测定精度，可在除尘器出口采样中适当加大采样流量。

② 实验结果记录。

a. 处理气体流量和过滤速度。袋式除尘器处理气体流量和过滤速度测定记录表见表 4-12。按式（4-12）计算除尘器处理气体流量，按式（4-13）计算除尘器漏风率，按式（4-14）计算除尘器过滤速度。

表 4-12　袋式除尘器处理气体流量和过滤速度测定记录表

测定次数	除尘器进气管			除尘器排气管			Q_s	F	v_F	δ
	v_1	A_1	Q_{s1}	v_2	A_2	Q_{s2}				
1										
2										
3										
4										
5										

注：v_1、v_2 为管道流速，m/s；A 为管道横截面积，m^2；Q_s 为风量，m^3/s；F 为袋式除尘器总过滤面积，m^2；v_F 为除尘器过滤速度，m/min；δ 为除尘器漏风率。

b. 压力损失。除尘器压力损失测定记录表见表 4-13，按式（4-15）计算压力损失，并取 5 次测定数据的平均值（ΔP）作为除尘器压力损失。

c. 除尘效率。除尘器效率测定记录表见表 4-14，除尘效率按式（4-16）计算。

③ 压力损失、除尘效率与过滤速度关系的分析测定。机械振打袋式除尘器过滤速度的调整，可通过改变风机入口阀门开度实现。当然，在各组实验中，应保持除尘器清灰周期固定，除尘器进口气体含尘浓度（ρ_1）基本不变。

表 4-13 除尘器压力损失测定记录表

测定次数	间隔时间 t/min	静压差测定结果/Pa															ΔP/Pa
		1(3min)			2(6min)			3(9min)			4(12min)			5(15min)			
		P_1	P_2	ΔP	P_1	P_2	ΔP	P_1	P_2	ΔP	P_1	P_2	ΔP	P_1	P_2	ΔP	
1																	
2																	
3																	
4																	
5																	

表 4-14 除尘器效率测定记录表

测定次数	除尘器进口气体			除尘器出口气体			除尘效率 η/%
	V_1/(m/s)	Q_1/(m^3/s)	ρ_1/(mg/m^3)	V_2/(m/s)	Q_2/(m^3/s)	ρ_2/(mg/m^3)	
1							
2							
3							
4							
5							

为保持实验过程中 ρ_1 基本不变，可根据发尘量（W）、发尘时间（t）和进口气体流量（Q_{s1}），按式（4-17）估算进口含尘浓度（ρ_1）。

$$\rho_1=\frac{W}{tQ_{s1}} \tag{4-17}$$

④ 实验结果处理与讨论。整理 5 组不同过滤速度 v_F 下的 ΔP 和 η 数据，绘制 v_F-ΔP 和 v_F-η 曲线，分析讨论过滤速度对袋式除尘器压力损失和除尘效率的影响。

（7）思考题

① 用发尘量求得的入口含尘浓度和用等速采样法测得的入口含尘浓度，哪个更准确些？为什么？

② 测定袋式除尘器压力损失，为什么要固定其清灰制度？为什么要在除尘器稳定运行状态下连续 5 次读数并取其平均值作为除尘器压力损失？

③ 总结在一次清灰周期中，压力损失、除尘效率和过滤速度随过滤时间的变化规律。

4.4 有机废气生物法净化实验

（1）实验目的

生物法是 20 世纪 80 年代开始兴起的一种气体净化工艺，具有费用低、二次污染少的特点，对于低浓度恶臭类和挥发性有机气体的净化更具优势。通过实验，要求达到以下目的：

① 了解生物法处理有机废气实验装置的流程、单元组成，能够正确操作实验装置；

② 针对生物法处理有机废气影响因素，能够独立选取实验参数，并对挥发性有机物

(VOCs) 浓度、压力降等指标进行正确测定;

③ 能够利用微生物学及有机废气处理的理论知识分析并解决生物法处理有机废气实验过程中出现的问题;

④ 应用作图软件对实验结果进行处理，利用理论知识进行分析讨论，针对实验异常现象分析原因，得出有效结论。

(2) 实验原理

① 设备原理。废气自下而上进入生物净化塔，接种微生物的喷淋液自上部进、下部出，与滤料接触的过程中，在滤料表面上形成生物膜。生物膜是微生物高度密集的物质，是由好氧菌、厌氧菌、兼性菌、原生动物和较高等动物组成的生态系统。有机物会首先被吸附于生物膜，然后被生物膜中的微生物同化、降解，达到净化有机废气的目的。

② 传质过程。

a. 溶解度大的有机污染物传质过程。生物膜的内外进行着多种物质的传送，其过程为：废气中的氧和水溶性有机物溶于喷淋液和生物膜水层中，并通过附着水层传给生物膜或传质给喷淋液中的微生物，被微生物降解；微生物的代谢产物沿着相反的方向排出。溶解于水中的有机污染物传质过程可用吸收-生物膜（双膜）理论解释。

b. 溶解度很小的有机污染物传质过程。对于废气中溶解度很小的有机物，从气相中穿过水层直接被生物膜吸附，被微生物降解，溶解度很小的代谢产物沿着相反的方向排出，而溶解度较大的代谢产物按照 a. 中代谢产物传质过程进行。对于废气中溶解度很小的有机物传质过程，可用吸附-生物膜（新双膜）理论解释。

(3) 实验装置

有机废气生物法净化实验装置见图 4-8。设备技术指标及参数：最大设计气体流量为 $10m^3/h$；一套气体混合系统供两套并联的生物滤塔，每套滤塔的循环液流量为 2.5～25L/h；生物滤塔塔径为 100mm、总塔高约 800mm，设两段生物载体分布，每层充填高度为 250～

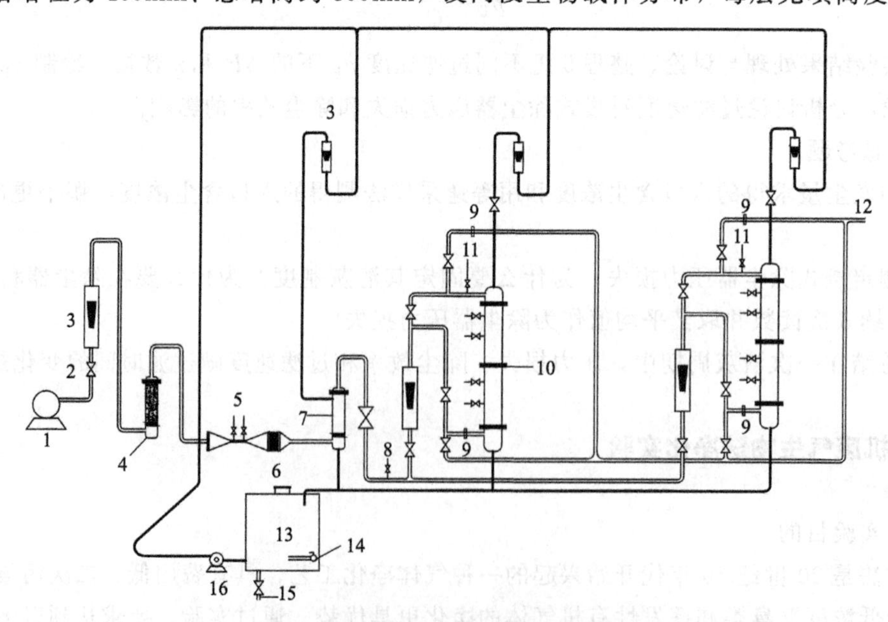

图 4-8 有机废气生物法净化实验装置

1—风机；2—阀门；3—流量计；4—活性炭净化罐；5—污染气体入口；6—文丘里管；7—气体增湿塔；8—进气检测口；9—测压环；10—生物净化塔；11—出气检测口；12—气体出口；13—储液箱；14—电加热器；15—放空管；16—水泵

300mm；每套生物滤塔可通过阀门切换变换气体流动的方向；每套生物滤塔均设有带流量计的气体采样口和生物样品取样口；系统配有进口稀释用配气活性炭净化罐和气体增湿塔。

风机为系统进口污染气体的配制提供混合稀释用气体，配置气体流量计计量总气体流量。活性炭净化罐用于制备空白混合稀释用气体。文丘里管为混合配气装置，包括喉管处两个带流量计的待稀释污染气体的接口，可用于混合气体的配制；污染气体模拟源可以采用装置配置的甲醇气体钢瓶，也可以根据需要配制苯系物放入气体发生器；文丘里管下游管道上配置气体采样口，用于初步确定配气浓度是否适宜。气体增湿塔用于生物过滤工艺，一般而言，对于生物滴滤工艺关闭供水阀即可。增湿塔下游为两套并联安装的生物滤塔，是微生物吸附降解有机废气的主要场所，生物滤塔中可根据实验需求装填不同类型的生物载体填料，每套生物滤塔均具有独立的气体流量调节阀和流量计，并可通过气体管路阀门切换来改变塔中气体流向。装置设有气体采样口、压差测试口（通过U形压力计的皮管与塔上的测压孔连接）、生物样取样口及生物床层温度显示仪表。两套并联的生物滤塔共用一套循环供液系统，该系统包括储液箱、水泵、电加热器、温度传感器和相应的液体管路、阀门等。液体管路设有控制每套生物滤塔的独立供液流量计和调节阀门。实验装置设有电气控制箱，用于系统中风机、循环水泵、加热装置的运行控制及温度显示。

装置视频扫描有机废气生物法净化实验装置视频二维码获取。

有机废气生物法净化实验装置视频

(4) 实验步骤

① 实验前完成生物滤塔挂膜。

② 实验开始时，首先检查设备系统外况和全部电气连接线有无异常，如管道设备无破损、U形压力计内部水量适当，将设备推拉至实验室合适位置，排气管伸到室外，插上电源插头。

③ 打开电控箱总开关，合上触电保护开关。

④ 初次实验时，当储液箱内无液体时，打开吸收塔下方储液箱进水开关，确保关闭储液箱底部的排水阀并打开排水阀上方的溢流阀。如需要投加菌种，则先打开手孔加入一定量菌液或污泥，然后通过进水阀进水稀释至适当浓度。当贮水装置水量达到总容积约3/4时，启动电控箱上的循环水泵开关，打开水泵，通过开启回水阀门可将储液箱内溶液混合均匀。本实验采用生物滴滤工艺，连接增湿塔的流量计阀门需关闭，连接生物塔的流量计阀门需开启，可形成喷淋水循环，使生物塔喷淋器正常运作，通过阀门调节可控制循环液流量。

⑤ 先将待进行实验的生物塔按实验设计的气流方向开启各阀门，将风机出口处的分流排气管路阀门开度开至最大，关闭文丘里管喉管处的两个污染气体流量计，然后启动风机开关，调节排气管路阀门和各生物塔气流入口流量计上游的阀门至各生物塔所需的风量。

⑥ 在风机运行的情况下，将一股或两股浓度较高的污染气体通过6mm特氟龙管接入系统的文丘里管喉管处的两个接口，然后根据实验所需的污染物浓度和各生物塔的集合流量和所需的稀释比调节高浓度气体入口管段的流量计流量，进行集合流量下入口浓度的初调。通过文丘里管下游的气体采样口用VOCs测定仪测定入口有机废气浓度，并根据得到的结果进行入口浓度的细调。达到设定的浓度后注意记录各流量计的读数，在后续的实验中保持该刻度。

⑦ 通过循环回路所设阀门调节循环液流量，在气温较低时可开启循环液保温系统。

⑧ 在装置稳定运行的情况下，通过气体采样口测定生物塔进出口 VOCs 浓度，计算净化效率；通过 U 形压力计测定各塔段的压降变化情况。

⑨ 在循环液体流量 Q_L 不变的情况下，改变气体流量 Q_s，稳定运行后，按上述方法，测取 5 组数据，考察气体流量和停留时间对净化效率的影响。

⑩ 在气体流量 Q_s 不变的情况下，改变循环液体流量 Q_L，稳定运行后，重复上述步骤，测取 5 组数据，考察循环液体流量对净化效率的影响。

⑪ 每一阶段的实验操作结束时，先关闭高浓度污染气体管路阀门，然后依次关闭循环泵、主风机的电源。

⑫ 关闭控制箱主电源，拔掉电源插头。

⑬ 若后期实验装置较长时间不用，打开储液箱底部的排水阀排空、清洗储液箱。

操作视频扫描有机废气生物法净化实验操作步骤视频二维码获取。

有机废气生物法净化实验操作步骤视频

(5) 注意事项

① 设备长期不使用后重新开始使用，由于水泵的泵体中留有空气，可能会引起水泵的泵水情况不正常，或没有水被泵出。此时要立即关闭水泵，因为水泵的缺水运转很容易损坏水泵。采用挤、捏皮管和一会儿开启水泵、一会儿关闭水泵的方法来排除空气，直至水泵正常工作为止。

② 在实验过程中，一定要将生物净化塔的尾气通过管道排放至室外；一定要将实验室的门窗打开，以保持实验室内良好的通风状态。

③ 在实验过程中，浓污染气体来气要有一定的气压以克服流量计的压损。

④ 实验结束后，一定要可靠关闭气源。

⑤ 设备应该放在通风干燥的地方，平时经常检查设备，有异常情况及时处理。

(6) 实验数据记录与处理

① 实验结果记录表。

a. 气体流量和停留时间对净化效率的影响实验数据。生物塔气体流量变化测定结果记录表见表 4-15。

表 4-15 生物塔气体流量变化测定结果记录表

固定循环液体流量 Q_L ______ L/h

实验次数	气体流量 /(m^3/h)	停留时间 t/s	原气浓度 ρ_1 /(mg/m^3)	净化后浓度 ρ_2 /(mg/m^3)	净化效率 η/%	压力损失 /Pa
1						
2						
3						
4						
5						

b. 循环液体流量对净化效率影响的实验数据。生物塔喷淋液体流量变化测定结果记录表见表 4-16。

表 4-16　生物塔喷淋液体流量变化测定结果记录表

固定气体流量 Q_s ________ m^3/h

实验次数	液体流量 /(L/h)	原气浓度 ρ_1 /(mg/m^3)	净化后浓度 ρ_2 /(mg/m^3)	净化效率 η/%	压力损失 /Pa
1					
2					
3					
4					
5					

② 停留时间 t 的计算。

$$t=\frac{4Q_s}{3600\pi d^2} \tag{4-18}$$

式中，Q_s 为气体流量，m^3/h；d 为生物塔直径，m。

③ 生物净化塔的平均净化效率。

$$\eta=\left(1-\frac{\rho_2}{\rho_1}\right)\times 100\% \tag{4-19}$$

式中，ρ_1 为生物净化塔入口处有机气体浓度，mg/m^3；ρ_2 为生物净化塔出口处有机气体浓度，mg/m^3。

④ 生物净化塔压降（ΔP）计算。

$$\Delta P=P_1-P_2 \tag{4-20}$$

式中，P_1 为生物净化塔入口处气体的全压或静压，Pa；P_2 为生物净化塔出口处气体的全压或静压，Pa。

⑤ 压力损失、净化效率和气体流量及停留时间的关系曲线。整理 5 组不同气体流量 Q_s 下的 ΔP 和 η 资料，绘制 Q_s-ΔP 和 Q_s-η 以及 t-η 曲线，分析停留时间和气体流量对生物净化塔的压力损失和净化效率的影响。

⑥ 压力损失、净化效率和循环液体流量 Q_L 的关系曲线。整理 5 组不同循环液体流量 Q_L 下的 ΔP 和 η 资料，绘制 Q_L-ΔP 和 Q_L-η 实验性能曲线，分析 Q_L 对生物净化塔的压力损失和净化效率的影响。

(7) 思考题

① 从实验结果得到的曲线中，可以得出哪些结论？

② 对于在水中溶解度很小的有机气体，是否能用吸收-生物膜理论解释其生物净化过程？为什么？

③ 为什么污染气体接入位置要放在文丘里管喉管处？

④ 若浓污染气体来气的气压不足以克服流量计的压损会发生什么现象？

5
水污染控制工程实验

5.1 自由沉淀与过滤实验

针对污水中悬浮物处理工艺，本节选取了两个实验：①自由沉淀实验；②过滤实验。学生可通过这两个实验了解自由沉淀和过滤装置工艺条件、应用场所的不同及两个工艺的优缺点。

5.1.1 自由沉淀实验

(1) 实验目的

沉淀是指借重力作用从液体中去除固体颗粒的一种过程。根据液体中固体物质的浓度和性质，可将沉淀过程分为自由沉淀、絮凝沉淀、成层沉淀和压缩沉淀等四类。本实验研究探讨污水中非絮凝性固体颗粒自由沉淀的规律，是水处理中沉砂池设计的重要依据。通过本实验要求达到以下目的：

① 了解自由沉淀实验装置的流程、单元组成，能够正确操作自由沉淀装置；

② 针对自由沉淀影响因素，能够独立设计实验、选取参数，并对悬浮物等指标进行正确测定；

③ 能够利用自由沉淀理论知识分析并解决自由沉淀实验过程中出现的问题；

④ 应用作图软件对实验结果进行处理，绘制颗粒自由沉淀曲线，利用理论知识进行分析讨论，针对实验异常现象分析原因。

(2) 实验原理

浓度较低、粒状颗粒的沉淀属于自由沉淀，其特点是静沉过程中颗粒互不干扰、等速下沉，其沉速在层流区符合 Stokes 公式。但是由于水中颗粒的复杂性，沉淀效果、特性无法通过公式求得，而是通过静沉实验确定。

由于自由沉淀时颗粒是等速下沉，下沉速度与沉淀高度无关，颗粒的粒径、密度很难或无法准确地测定，因而自由沉淀可在一般沉淀柱内进行，但其直径应足够大，一般应使$D \geqslant 100$mm 以免颗粒沉淀受柱壁干扰。

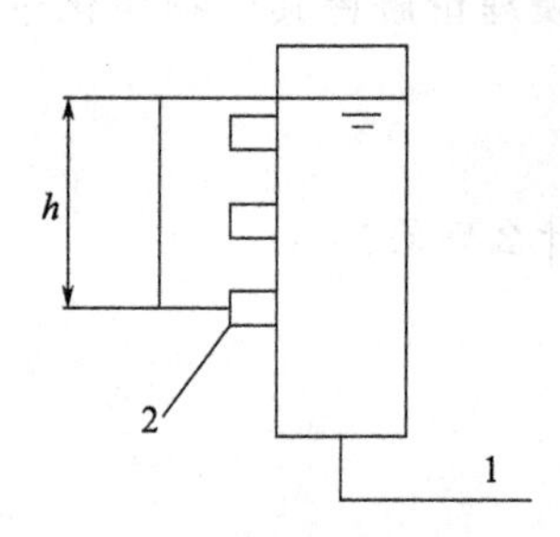

图 5-1 沉淀管示意图
1—污水；2—取样口

沉淀管示意图见图 5-1，自由沉淀实验在沉淀管内进行。设水深为 h，在 t 时间内能沉到 h 深度的颗粒的沉速 $u=h/t$。根据给定的时间 t_0，计算出颗粒的沉速 u_0。凡是沉淀速度 $u \geqslant u_0$ 的颗粒，在 t_0 时都可以全部去除。而 $u<u_0$ 的颗粒群体，可部分去除。

实验开始，沉淀时间 $t=0$，此时沉淀管内悬浮物分布均匀，即每个断面上颗粒的数量与粒径的组成相同，悬浮物浓度为 c_0 (mg/L)，此时去除率 $\eta=0$。

实验开始后，不同沉淀时间 t_i 时，能沉到 h_i 深度的颗粒的沉淀速度为：

$$u_i=\frac{h_i}{t_i \times 60} \tag{5-1}$$

未被去除的颗粒（即粒径 $d<d_i$ 的颗粒）所占的百分比 p_i 为：

$$p_i=\frac{c_i}{c_0}\times 100\% \tag{5-2}$$

式中 c_0——原水中悬浮物浓度，mg/L；

c_i——经 t_i 时间后，污水中残存的悬浮物浓度，mg/L；

h_i——取样口高度，mm；

t_i——取样时间，min。

水中不同大小颗粒的悬浮物静沉后，颗粒总去除率 η 与截留沉速 u_0、剩余颗粒质量百分比 p 的关系见式（5-3）。此种计算方法也称为悬浮物去除率的累计曲线计算法。

$$\eta=(1-p_0)+\int_0^{p_0}\frac{u}{u_0}\mathrm{d}p \tag{5-3}$$

式中，p_0 为所有沉速小于 u_0 的颗粒质量占原水中全部颗粒质量的百分比。

为了推求其计算式，首先绘制 p-u 关系曲线，见图 5-2，其横坐标为颗粒沉速 u，纵坐标为未被去除颗粒的百分比 p。工程中常用式（5-4）计算总去除率 η，式（5-4）中 $u_i<u_0$。p-u 关系曲线计算 η 可参考图 5-3。

$$\eta=(1-p_0)+\frac{\sum(\Delta p \cdot u_i)}{u_0} \tag{5-4}$$

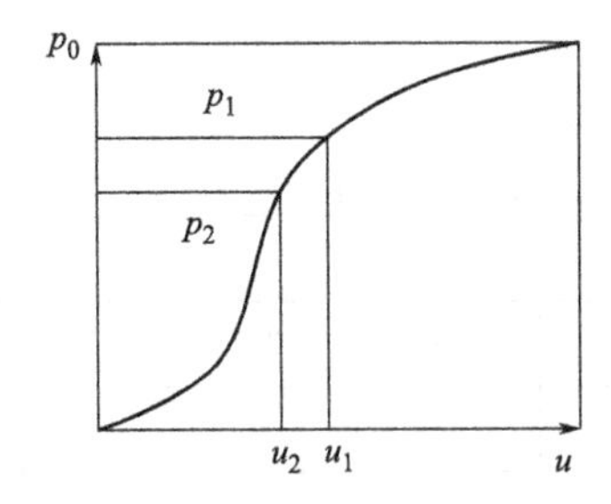

图 5-2 p-u 关系曲线

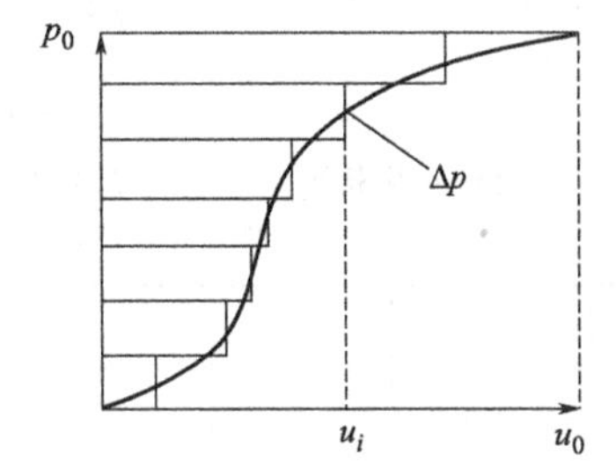

图 5-3 p-u 关系曲线计算 η

（3）实验装置与材料

① 实验装置。自由沉淀实验装置见图 5-4。

自由沉淀实验装置由沉淀管、储水箱、水泵和悬浮物测量系统组成。沉淀管直径 140mm，工作有效水深（由溢出口下缘到筒底的距离）为 2000mm，沉淀管设不同高度的采样口，底部设进水口；储水箱用于配制含一定悬浮物（SS）的实验水样，可用硅藻土、高岭土或园土配制水样，设有搅拌装置；水泵将配制的实验水样由底部泵入沉淀管，进水设有流量计和阀门控制进水流速。

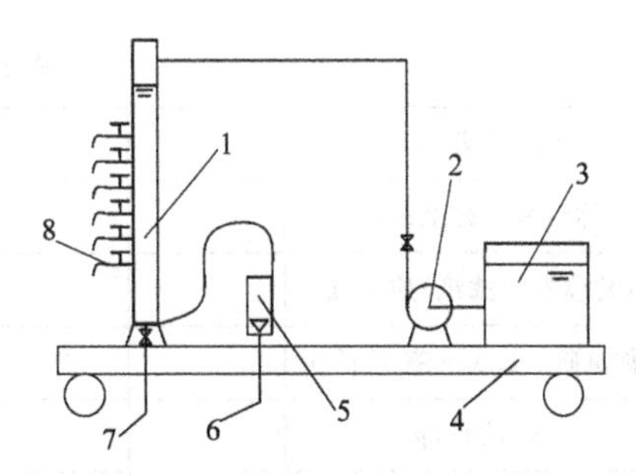

图 5-4 自由沉淀实验装置图

1—沉淀管；2—水泵；3—储水箱；4—支架；5—气体流量计；6—气体入口；7—进水口；8—取样口

② 悬浮物测量材料与仪器：分析天平、称量瓶、烘箱、滤纸、漏斗、漏斗架、量筒、烧杯等。

③ 测定时间用秒表，测量取样口高度用皮尺。

(4) 实验步骤

① 将一定量的高岭土投入储水箱中，启动水泵及循环管路，开启搅拌机，充分搅拌水样。

② 待池内水质均匀后，从池内取样 100mL，测定悬浮物浓度，即 c_0 值。

③ 将混合液打到沉淀管一定高度（1～1.2m），记录液面高度值，同时开始计时。

④ 当时间为 t＝2、5、10、15、20、40、60min 时，在取样口分别取水样 100mL，测定悬浮物浓度（c_i），记录取样后液面高度。

⑤ 每次取样应先排出取样口中的积水，减少误差，在取样前和取样后皆需测量沉淀管中液面至取样口的高度，计算时取二者的平均值。

⑥ 测定每一沉淀时间的水样悬浮物浓度。

⑦ 根据式（5-6）计算不同时间颗粒沉速 u_i，根据式（5-7）和式（5-8）计算不同时间悬浮物去除率，考察沉淀时间和沉淀速度对悬浮物去除率的影响。

⑧ 实验结束关闭水泵、搅拌器和总电源，清理沉淀管和储水箱。

(5) 注意事项

① 每次取样应先排出取样口中的积水，减少误差；

② 测定悬浮物浓度时采用定量滤纸。

(6) 实验数据记录与处理

① 实验结果记录与整理。取样口高度记录见表 5-1，悬浮物去除率记录见表 5-2，原始数据整理见表 5-3，悬浮物去除率 η 的计算见表 5-4。

表 5-1　取样口高度记录

水样性质及来源＿＿＿＿，沉淀管直径 D＿＿＿＿mm，沉淀管高 H＿＿＿＿mm，
水温＿＿＿＿℃，原水悬浮物浓度 c_0＿＿＿＿mg/L

沉淀时间/min	0	2	5	10	15	20	40	60
取样前水面高度/cm								
取样后水面高度/cm								
沉淀高度/cm								

表 5-2　悬浮物去除率记录

沉淀时间/min	0	2	5	10	15	20	40	60
称量瓶＋滤纸编号								
(称量瓶＋滤纸)质量/g								
(称量瓶＋滤纸＋SS)质量/g								
SS 质量/g								
水样体积/mL								
悬浮物浓度/(mg/L)								

表 5-3 原始数据整理

沉淀时间/min	0	2	5	10	15	20	40	60
沉淀高度/mm								
实测水样 SS/(mg/L)								
剩余颗粒百分比 p_i/%								
颗粒沉速 u_i/(mm/s)								

表 5-4 悬浮物去除率 η 的计算

序号	t/min	u_0/(mm/s)	p_0	$1-p_0$	Δp	$\frac{\sum(u_s \cdot \Delta p)}{u_0}$	$\eta=(1-p_0)+\frac{\sum(u_s \cdot \Delta p)}{u_0}$

② 指标计算。

a. 悬浮固体浓度的计算：

$$c=\frac{(m_2-m_1)\times1000\times1000}{V} \tag{5-5}$$

式中 m_1——（称量瓶+滤纸）质量，g；

m_2——（称量瓶+滤纸+悬浮物）质量，g；

V——水样体积，mL。

b. 沉降速度 u_i 的计算。不同沉淀时间 t_i 时，能沉到 h_i 深度的颗粒的沉淀速度为：

$$u_i=\frac{h_i}{t_i\times60} \tag{5-6}$$

式中 h_i——取样口高度，mm；

t_i——取样时间，min。

c. 未被去除的颗粒 p_i 的计算。

$$p_i=\frac{c_i}{c_0}\times100\% \tag{5-7}$$

式中 c_0——原水中悬浮物浓度，mg/L；

c_i——经 t_i 时间后，污水中残存的悬浮物浓度，mg/L。

d. 悬浮物去除率 η 的计算。

$$\eta=(1-p_0)+\frac{\sum(\Delta p \cdot u_i)}{u_0} \tag{5-8}$$

式中 p_0——所有沉速小于 u_0 的颗粒质量占原水中全部颗粒质量的百分比，%；

u——颗粒沉速，mm/s；

Δp——未被去除颗粒的百分比，%。

利用图解法列表（表 5-4）计算不同沉速时，悬浮物的去除率计算方法参考图 5-3。

③ 绘制实验曲线及实验结果分析讨论。

a. 沉淀速度与剩余颗粒百分比关系曲线。以颗粒沉速 u_i 为横坐标，剩余颗粒百分比 p_i 为纵坐标，绘制 u-p 关系曲线（参考图 5-2），并对实验结果进行分析讨论。

b. u-η 和 t-η 关系曲线。根据表 5-3 和表 5-4，以 η 为纵坐标，以颗粒沉速 u 和沉降时间 t 为横坐标，分别绘制 u-η、t-η 关系曲线，并对实验结果进行分析讨论。

（7）思考题

① 讨论自由沉淀静沉曲线的意义。

② 自由沉淀中颗粒沉速与絮凝沉淀中颗粒沉速有何区别？

③ 沉淀柱高分别为 $H=1.2\text{m}$、$H=2.0\text{m}$ 时，两组实验结果是否一样，为什么？

④ 分析不同工作水深的沉淀曲线，如果应用于设计沉淀池，需注意什么问题？

5.1.2 过滤实验

（1）实验目的

过滤是具有孔隙的物料层截留水中杂质从而使水得到澄清的工艺过程。常用的过滤方式有砂滤、硅藻土涂膜过滤、烧结管微孔过滤、金属丝编织物过滤等。过滤不仅可以去除水中细小悬浮颗粒杂质，而且细菌、病毒及有机物也会随浊度降低而被去除。本实验按照实际滤池的构造情况，内装石英砂滤料或陶瓷滤料，利用自来水进行清洁砂层过滤和反冲洗实验。

通过实验要求达到以下目的：

① 了解过滤实验装置的流程、单元组成，能够正确操作过滤装置；

② 针对过滤和反冲洗影响因素，能够独立选取实验参数设计实验，并对水头损失、浊度等指标进行正确测定；

③ 能够利用过滤理论知识分析并解决过滤实验过程中出现的问题；

④ 应用作图软件对实验结果进行处理，利用理论知识进行分析讨论，针对实验异常现象分析原因，得出有效结论。

（2）实验原理

经澄清或沉淀后的水体，进入过滤池后，水体自上而下流经过滤层。水体在滤层孔隙中曲折流动时，在滤料层的接触凝聚、机械筛滤、沉淀作用下，水体中细微颗粒和悬浮杂质被截留下来，过滤后清水得以收集。

随着过滤时间的增加，滤层截污量增加、滤层孔隙度减小，水流穿过砂层缝隙流速增大，于是水头损失随之增大。其增长速度随滤速大小、滤料颗粒的大小和形状、过滤进水中悬浮物含量及截留杂质在垂直方向的分布而定。当滤速大、滤料颗粒粗、滤层较薄时，滤过的水很快变差，过滤周期较短；若滤速大、滤料颗粒细，滤池中的水头损失增加也很快，这样很快达到过滤压力周期。所以在处理一定性质的水时，正确确定滤速、滤料颗粒的大小、滤料及厚度之间的关系，具有重要的技术意义与经济意义，该关系可通过实验的方法来确定。

当水头损失达到极限，使出水水质恶化时就要进行反冲洗。反冲洗的目的是清除滤层中的污物，使滤池恢复过滤能力。反冲洗开始时承托层、滤料层未完全膨胀，相当于滤池处于反向过滤状态；当反冲洗速度增大后，滤料层完全膨胀，处于流态化状态，膨胀度的大小直接影响了反冲洗效果。反冲洗的强度大小决定了滤料层的膨胀度。精确地确定在一定水温下冲洗强度与膨胀率之间的关系，最可靠的方法是进行反冲洗实验。

（3）实验装置与仪器设备

① 实验装置。过滤实验装置见图 5-5。

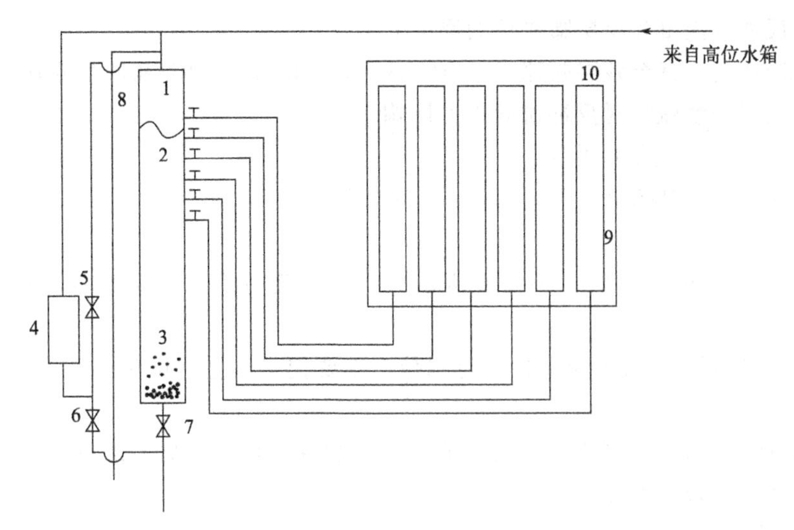

图 5-5 过滤实验装置

1—过滤柱；2—滤料层；3—承托层；4—转子流量计；5—过滤进水阀门；6—反冲洗进水阀门；7—过滤出水阀门；8—反冲洗出水管；9—测压板；10—测压管

过滤装置包括高位水箱、过滤柱、测压板及测压管。高位水箱为过滤和反冲洗提供水源，并与流量计及阀门联用控制水流量。过滤柱采用有机玻璃制作，直径 d＝100mm，高 L＝2000mm，柱中设承托层和滤料层，顶部设反冲洗出水管，底部为进水管，通过过滤进水阀门、反冲洗进水阀门和过滤出水阀门切换实现过滤和反冲洗进水及过滤排水。过滤柱从底部 100mm 处向上等距离设置 6 个测压环，与测压板上的测压管相连，用于水头损失的测量。采用浊度仪测量进出水浊度来反映过滤效果。

② 浊度仪。

③ 温度计。

④ 量筒 1000mL、100mL 各 1 个，容量瓶、比重瓶、干燥器、钢尺等。

(4) 实验步骤

① 清洁砂层过滤水头损失实验步骤。

a. 开启阀门 6 冲洗滤层 1min。

b. 关闭阀门 6，开启阀门 5、7 快滤 5min 使砂面保持稳定。

c. 调节转子流量计，使出水流量约 50L/h，待测压管中水位稳定后，记下滤柱最高和最低两根测压管中的水位值，并测出水浊度。

d. 增大过滤水量，使过滤流量依次为 100、150、200、250、300L/h 左右，分别测出滤柱最高和最低两根测压管中的水位值及出水浊度，记录数据，考察过滤流量对水头损失和出水浊度的影响。

e. 量出滤层厚度 L。

f. 按步骤 a～e，再重复做两次。

② 滤层反冲洗实验步骤。

a. 量出滤层厚度 L_0，慢慢开启反冲洗进水阀门 6，调整反冲洗转子流量计为 250L/h，使滤料刚刚膨胀起来，待滤层表面稳定后，记录反冲洗流量和滤层膨胀后的厚度 L。

b. 开大反冲洗转子流量计，变化反冲洗流量依次为 500、750、1000、1250、1500L/h。

按步骤 a 测出反冲洗流量和滤层膨胀后的厚度 L。

c. 改变反冲洗流量直至砂层膨胀率达 100%为止。测出反冲洗和滤层膨胀后的厚度 L，记录数据，考察反冲洗流量对反冲洗效果的影响。

d. 按步骤 a～c，再重复做两次。

e. 停止反冲洗，水泵断电，关闭阀门，结束实验。

（5）注意事项

① 反冲洗滤柱中的滤料时，不要使进水阀门开启度过大，应缓慢打开以防滤料冲出柱外。

② 在过滤实验前，滤层中应保持一定水位，不要把水放空，以免过滤实验时测压管中积存空气。

③ 反冲洗时，为了准确地量出砂层厚度，一定要在砂面稳定后再测量。

（6）实验数据记录与处理

① 实验结果记录。

a. 清洁砂层过滤水头损失实验记录表见表 5-5。

表 5-5 清洁砂层过滤水头损失实验记录表

滤柱截面积 S ______ cm^2，原水浊度______ NTU

实验次数	流量 Q /(mL/s)	滤速 v		实验水头损失/cm			出水浊度 /NTU
		Q/S /(cm/s)	$36Q/S$ /(m/h)	测压管水头		$h=h_b-h_a$	
				h_b	h_a		
1							
2							
3							
4							
5							
6							

注：h_b 为最高测压管水位值；h_a 为最低测压管水位值。

b. 滤层反冲洗实验记录表见表 5-6。

表 5-6 滤层反冲洗实验记录表

反冲洗前滤层厚度 L_0 ______ cm

实验次数	反冲洗流量 Q /(mL/s)	反冲洗强度 Q/S /(cm/s)	膨胀后砂层厚度 L/cm	砂层膨胀度 $e=\frac{L-L_0}{L}$
1				
2				
3				
4				
5				
6				

② 绘制实验曲线及实验结果分析讨论。

a. 以流量 Q 为横坐标、水头损失和出水浊度为纵坐标，绘制实验曲线，并对实验结果进行分析讨论。

b. 以反冲洗强度为横坐标、砂层膨胀度为纵坐标，绘制实验曲线，并对实验结果进行分析讨论。

(7) 思考题

① 滤层内有空气泡时对过滤、反冲洗有何影响?

② 反冲洗强度为何不宜过大?

5.2 臭氧高级氧化实验

(1) 实验目的

臭氧具有很强的氧化能力，可以有效降解废水中不饱和有机物和芳香烃类化合物，在废水预处理（提高可生化性）、脱色消毒及深度处理中具有广阔的应用前景。通过实验，要求达到以下目的：

① 了解臭氧氧化实验装置流程、单元组成，能够正确操作臭氧氧化装置。

② 针对臭氧氧化影响因素，能够独立选取实验参数，并选取正确指标进行测定。

③ 能够利用臭氧氧化理论知识分析并解决实验过程中出现的问题。

④ 应用作图软件对实验结果进行处理，利用理论知识进行分析讨论，针对实验异常现象分析原因，得出有效结论。

(2) 实验原理

① 设备原理。臭氧发生器是用于制取臭氧气体的装置。臭氧易于分解无法储存，需现场制取现场使用，所以凡是能用到臭氧的场所均需使用臭氧发生器。臭氧发生器是一种带内部产热的气相反应器，由于空气及其他类似气体是不良热导体，电晕放电形成的热量会使气体温度升高，产生自由高能离子离解 O_2 分子，经碰撞聚合为 O_3 分子。较高的温度可加速臭氧的逆反应，即臭氧还原成氧气，从而降低臭氧产量，因此有效冷却是提高臭氧发生器效率的一项措施。水和油的吸热系数远远大于空气的吸热系数，因此一般工业用臭氧发生器均采用水冷式或油冷式，但气冷方便易行，一般在微型臭氧发生器中经常采用此种形式。按照使用的气体原料，臭氧发生器分为空气源和氧气源两种类型。本实验采用空气源臭氧发生器。

② 臭氧氧化原理。臭氧具有强氧化性是因为臭氧分子中氧原子具有强亲电子性。臭氧分解后产生新生态氧原子，在水中可形成具有强氧化作用的基团——羟基自由基，可快速除去废水中的有机污染物，而自身分解为氧，不会造成二次污染。目前臭氧与有机物的反应有两种途径。a. 臭氧以分子形式与水体中的有机物直接反应。该方法选择性较强，一般攻击带有双键的有机物，对芳香烃类和不饱和脂肪烃有机化合物的降解效果更好。b. 碱性条件下，臭氧在水体中分解后产生氧化性很强的羟基自由基等中间产物，羟基自由基与有机化合物发生氧化反应。该氧化方式无选择性。

(3) 实验装置、材料与仪器

① 实验装置。臭氧氧化实验装置见图 5-6。设备技术指标及参数：处理能力为 10L/h；反应池尺寸为 300mm×300mm×300mm；电源电压为 220V、功率为 100W；臭氧发生器总尺寸为长 600mm×宽 600mm×高 1200mm；标准反应时间为 10min；臭氧发生器采用空气

源，空冷。实验装置的组成和规格：反应池 1 只，分为 4 格；气体流量计 4 只；臭氧发生器（产气量 3g/h）1 台；连接管道和球阀；带移动轮子 316L 不锈钢台架。

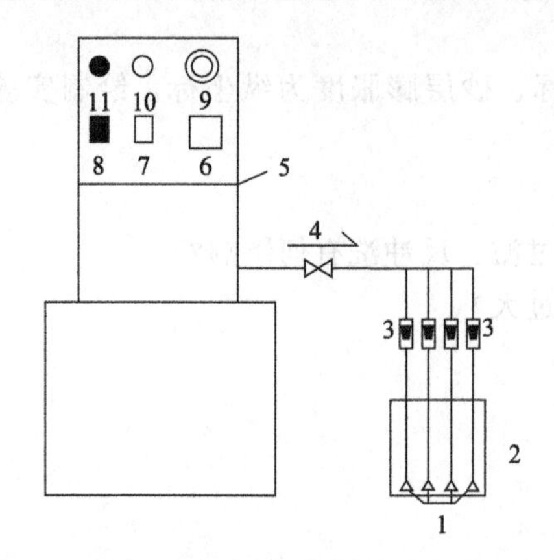

臭氧氧化实验装置视频

图 5-6　臭氧氧化实验装置

1—曝气头；2—反应池；3—流量计；4—止回阀；5—臭氧发生器；6—电压表；7—气泵开关；8—臭氧开关；9—定时开关；10—气泵指示灯；11—臭氧指示灯

臭氧高级氧化实验装置由臭氧发生器、反应池组成。臭氧发生器采用空气源制备臭氧，内设气泵供给臭氧发生器所需原料氧气，配制实验所需臭氧浓度并对装置起空冷的作用。装置配曝气头 4 只，与流量计相连，计量臭氧流量，分别放于 4 格反应器中。设备上设有定时开关、臭氧和气泵开关及相应指示灯。反应池为透明有机玻璃进水箱，尺寸为 300mm×300mm×300mm，分成 4 格，可同时实验四种水样或四个浓度的同一水样。

② 材料。测定 COD_{Cr} 的相关化学试剂；配制模拟废水的化学试剂，如：磺基水杨酸、苯系物、硝基苯、石油产品、染料等。可以根据需要或结合研究课题来选择实验的材料。一般选择染料和硝基苯作实验材料。

③ 仪器。测定 COD_{Cr} 和色度所需要的玻璃器皿，测色度的紫外-可见分光光度计，测 COD_{Cr} 所用的 COD_{Cr} 测定仪（HACH）和消解仪（HACH）。

（4）实验步骤

① 检查设备系统外况和全部电气连接线及连接管路有无异常，电源电缆有无损坏；检查阀门状态，保证管道通畅，无封闭管道。

② 准备好足够的实验用模拟废水，建议选用亚甲基蓝染料配制模拟废水，浓度为 50～200mg/L，放入反应池。4 个格内可放不同浓度染料废水。

③ 将连接于管路上的曝气头置于反应池格内。

④ 插上电源插头，电压表针指示在 220V；旋转定时开关至所需要的反应时间，打开气泵和臭氧开关，相应指示灯亮起，臭氧发生器和气泵开始工作。

⑤ 调节流量计，控制臭氧气量，臭氧产出量可根据臭氧发生器工作曲线（见图 5-7）计算，也可采用化学法测定臭氧浓度并计算臭氧气量。

⑥ 设计一系列反应时间，取进出水测色度和 COD_{Cr} 浓度，计算色度和 COD_{Cr} 去除率，考察反应时间对处理效果的影响。

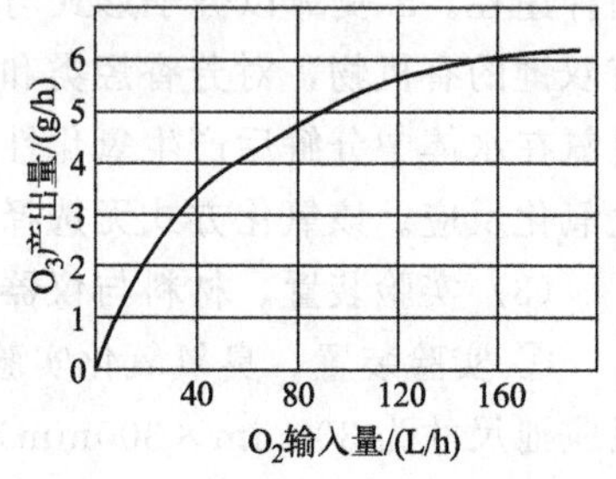

图 5-7　臭氧发生器工作曲线

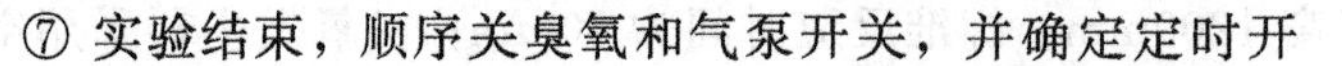

⑦ 实验结束，顺序关臭氧和气泵开关，并确定定时开

关处于“关”的状态，拔掉电源插头，清空反应池。

⑧ 清洗反应池后，在反应池中注入去离子水，将曝气头放入清水中。

操作视频扫描臭氧氧化实验操作视频二维码获取。

臭氧氧化实验操作视频

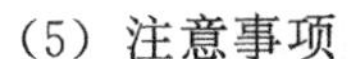

(5) 注意事项

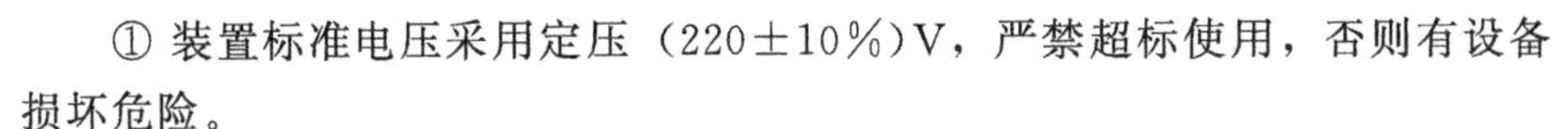

① 装置标准电压采用定压（220±10%）V，严禁超标使用，否则有设备损坏危险。

② 臭氧发生器工作时，应保持通风，严禁将臭氧发生器置于封闭环境中使用。

③ 臭氧发生器单台运行时间应保持2h以内，严禁长时间不间歇工作。

④ 若泄漏的臭氧浓度过高，要停机检查，防止对人体产生危害。

⑤ 实验过程中各岗位的人不许离开、密切配合，并随时注意各处运行情况。若某处发生问题，不要慌乱，首先关闭发生器的电源，然后再做其他处理。

(6) 实验数据记录与处理

① 实验结果记录。

a. 反应时间对脱色的影响。脱色情况记录表见表5-7。

表5-7 脱色情况记录表

废水名称________，废水体积________L，臭氧气量________g/L

项目	反应时间/min						
	0	0.5	1.0	1.5	2.0	2.5	3.0
吸光度							
色度去除率/%							

b. 反应时间对 COD_{Cr} 去除率的影响。COD_{Cr} 降解情况记录表见表5-8。

表5-8 COD_{Cr} 降解情况记录表

废水名称________，废水体积________L，臭氧气量________g/L

项目	取样时间/h						
	0	0.5	1.0	1.5	2.0	2.5	3.0
COD_{Cr}/(mg/L)							
COD_{Cr} 去除率/%							

② 指标计算。

a. 色度去除率的计算：染料色度的去除率=(处理前的吸光率－处理后的吸光率)/处理前的吸光率×100%。

b. COD_{Cr} 去除率的计算：COD_{Cr} 去除率＝（处理前的 COD_{Cr} 浓度－处理后的 COD_{Cr} 浓度）/处理前的 COD_{Cr} 浓度×100%。

③ 绘制实验曲线及实验结果分析讨论。

a. 以反应时间 t 为横坐标、色度去除率为纵坐标，绘制 t-色度去除率曲线图，分析讨论反应时间对色度去除率的影响。

b. 以反应时间 t 为横坐标、COD_{Cr} 去除率为纵坐标，绘制 t-COD_{Cr} 去除率曲线图，分析讨论反应时间对 COD_{Cr} 去除率的影响。

c. 综合分析讨论反应时间对色度和 COD_{Cr} 去除率影响不同的原因。

(7) 思考题

① 从实验结果得到的曲线中，可以得出哪些结论？

② COD_{Cr} 和色度随反应时间变化趋势是怎样的？为什么出现不同变化趋势？

③ 采用空气源和氧气源分别有哪些优缺点？

5.3 混凝、气浮法处理污水及废水可生化性测定实验

(1) 实验目的

混凝、气浮是工业废水常用的预处理工艺，是提高废水可生化性的重要途径。针对工业废水，学生首先自行设计混凝实验方案进行实验，并考察混凝处理前后废水可生化性的变化；在混凝实验所确定的合适工艺条件下，进行气浮实验；通过实验，达到以下目的：

① 针对混凝影响因素（投药量、pH 值、水流速度梯度），能够独立设计实验方案，选取正确指标进行实验，并对 COD_{Cr} 浓度、浊度、污泥比阻等指标进行正确测定；

② 了解呼吸曲线法测定废水可生化性实验装置，能够正确操作装置测定废水可生化性；

③ 了解气浮实验装置的流程、单元组成，能够正确操作气浮实验装置；

④ 能够利用混凝、气浮及可生化性测定相关理论知识分析并解决实验过程中出现的问题；

⑤ 应用作图软件对实验结果进行处理，利用理论知识进行分析讨论，针对实验异常现象分析原因，得出有效结论。

(2) 实验原理

① 混凝。混凝是通过向水中投加药剂使胶体物质脱稳并聚集成较大的颗粒，以使其在后续的沉淀过程中分离或在过滤过程中能被截除。

在天然水体中，胶体颗粒带有一定电荷，它们之间的电斥力是胶体稳定性的主要因素。胶体表面的电荷值常用电动电位 ξ 表示，又称为 Zeta 电位。Zeta 电位的高低决定了胶体颗粒之间斥力大小和影响范围。一般天然水体中胶体颗粒 Zeta 电位在 -30mV 以上，投加混凝剂后，只要该电位降到 -15mV 左右即可得到较好的混凝效果。相反，当 Zeta 电位降到零时，往往不是最佳混凝状态。向水中投加混凝剂后，能起到如下作用：a. 能降低颗粒间的排斥能峰，降低胶粒的 Zeta 电位，实现胶粒脱稳；b. 同时也能发生高聚物式高分子混凝剂的吸附架桥作用；c. 网捕作用，从而达到颗粒的凝聚。

混凝剂投加量直接影响混凝效果。水质是千变万化的，最佳的投药量各不相同，必须通过实验确定。

在废水中投加混凝剂 [如 $Al_2(SO_4)_3$、$FeCl_3$] 后，生成的 Al (Ⅲ)、Fe (Ⅲ) 化合物对胶体的脱稳效果不仅受投加的剂量、水中胶体颗粒的浓度、水温的影响，还受水的 pH 值影响。如果 pH 值过低（小于 4），则混凝剂水解受到限制，其化合物中很少有高分子物质存在，混凝作用较差。如果 pH 值过高（大于 9～10），它们就会出现溶解现象，生成带负电荷的配合离子，也不能很好地发挥混凝作用。

投加了混凝剂的水中，胶体颗粒脱稳后相互聚结，逐渐变成大的混凝体，这时，水流速度梯度 G 值的大小起着主要的作用。在混凝搅拌实验中，水流速度梯度 G 值可按式 (5-9) 计算：

$$G=\sqrt{P/\mu V} \tag{5-9}$$

式中 P——搅拌功率，J/s；

μ——水的黏度，Pa·s；

V——被搅动的水流体积，m^3。

本实验 G 值可直接由搅拌器显示板读出。

当单独使用混凝剂不能取得预期效果时，需投加助凝剂以提高混凝效果。助凝剂通常是高分子物质，作用机理是高分子物质的吸附架桥，它能改善混凝体结构，促使细小而松散的絮粒变得粗大而结实。

② 可生化性测定。微生物降解有机污染物的物质代谢过程中所消耗的氧包括两部分：a. 氧化分解有机污染物，使其分解为 CO_2、H_2O、NH_3（存在含氮有机物时）等，为合成新细胞提供能量；b. 供微生物进行内源呼吸，使细胞物质分解。

如果污水的组分对微生物生长无毒害作用，微生物与污水混合后立即大量摄取有机物合成新细胞，同时消耗水中的溶解氧。溶解氧的吸收量（即消耗量）与水中的有机物浓度有关。实验开始时，间歇进料生物反应器内有机物浓度较高，微生物吸收氧的速率较快，以后随着有机物的逐步去除，氧吸收速率也逐渐减慢，最后等于内源呼吸速率。如果污水中的某一种或几种组分对微生物的生长有毒害抑制作用，微生物与污水混合后，其降解利用有机物的速率便会减慢或停止，利用氧的速度也将减慢或停止。因此，可以通过实验测定活性污泥的呼吸速率，用氧消耗量累计值与时间的关系曲线、呼吸速率与时间的关系曲线来判断某种污水生物处理的可能性，或某种有毒物质进入生物处理设备的最大允许浓度。

将实验废水放入曝气瓶中进行充氧（含空白对照），溶解氧达到饱和后，接种一定量的活性污泥，使微生物在密闭的曝气瓶和一定的温度条件下，利用实验废水中有机物进行有氧呼吸，有机物质被降解，同时消耗溶解氧，根据消耗溶解氧的速率绘制好氧呼吸曲线，与内源呼吸曲线相比较，就可以来判断废水的可生化性，废水可生化性判断见图 5-8。

如图 5-8 所示，曲线 3 为微生物内源呼吸耗氧；曲线 2 与内源呼吸线基本重合，表明该废水中有机物不能被活性污泥中微生物氧化分解，但对微生物的生命活动无抑制作用；曲线 1 位于内源呼吸线之上，说明该废水中有机物可被微生物氧化分解，与内源呼吸线之间的距离越大，该废水的可生物降解性越好；曲线 4 位于内源呼吸线之下，说明该废水中有机物难生物降解，且对微生物产生了抑制作用，生化呼吸线越接近横坐标，抑制作用越大。

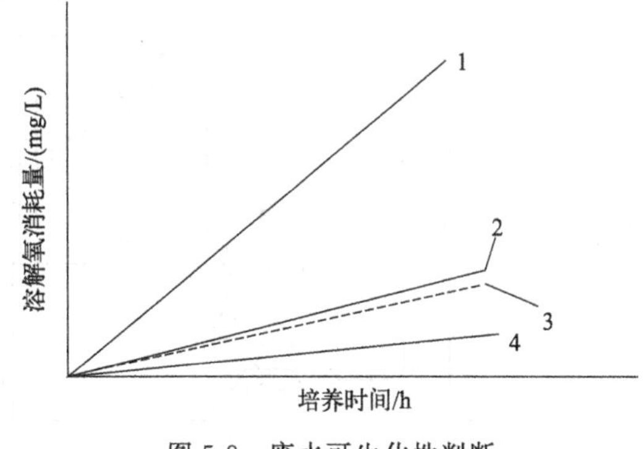

图 5-8 废水可生化性判断

③ 气浮。气浮是溶气系统在水中产生大量的微细气泡，使空气以高度分散的微小气泡形式附着在悬浮物颗粒上，造成密度小于水的状态，利用浮力原理使其浮在水面，从而实现固-液分离。悬浮物表面有亲水和憎水之分。憎水性颗粒表面容易附着气泡，因而可用气浮法。亲水性颗粒用适当的化学药品处理后可以转为憎水性。水处理中的气浮法，常用混凝剂使胶体颗粒黏结成为絮体，絮体具有网络结构，容易截留气泡，从而提高气浮效率。

（3）实验装置、材料与仪器

① 实验装置。

a. 可生化性测定装置见图 5-9。

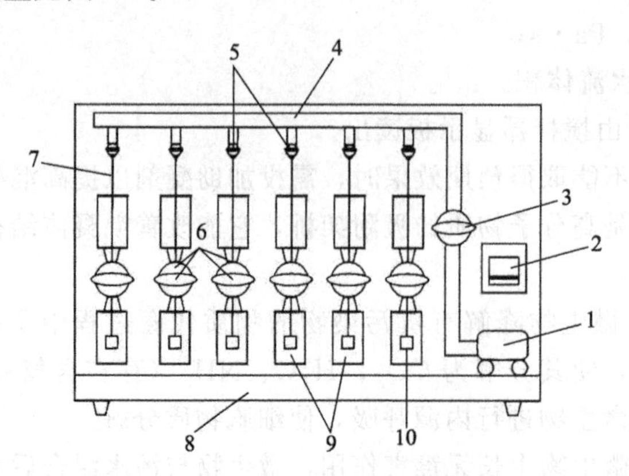

图 5-9　可生化性测定装置

1—空气泵；2—电源开关；3—总调节阀；4—曝气总管；5—曝气调节阀；6—密封阀门；7—乳胶管；8—曝气平台（不锈钢）；9—曝气瓶；10—曝气头

b. 气浮装置见图 5-10。设备技术指标及参数：处理能力为 10L/h；气浮池尺寸为 600mm×600mm×600mm；电源为 220V、功率为 100W；装置总尺寸为长 600mm×宽 600mm×高 1200mm。实验装置的组成和规格：带刻度一体成型平流式气浮反应池 1 套、带刻度一体成型清水池 1 套、电机刮渣装置 1 套、进水泵 1 台、循环水泵 1 台、空压机 1 台、不锈钢溶气罐 1 套、铜制溶气释放器 1 只、流量计 2 只、进溶气罐水流量计 1 只、压力表 1 只、水量移位器 1 套、机械刮渣机系统 1 套、电控装置 1 套（电控箱、漏电保护开关、按钮开关）、工艺过程自动控制系统（5 寸高级触摸屏，内置 4 套标准控制程序、1 套自定义程序，全自动控制，能实现无人值守；可保存或导出 3 年内全部实验数据与曲线）、自动取样装置 1 套、连接管道和球阀、带移动轮子 316L 不锈钢台架。

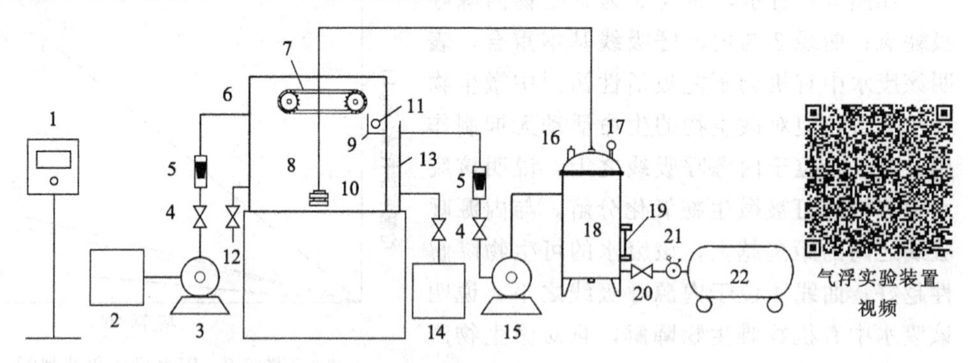

图 5-10　气浮装置

1—自动控制箱；2—进水箱；3—提升泵；4—水量控制阀；5—转子流量计；6—进水口；7—刮渣机；8—气浮室；9—浮渣室；10—释放器；11—排渣口；12—放空阀；13—清水室；14—清水箱；15—循环水泵；16—安全阀；17—压力表；18—溶气罐；19—液位开关；20—止回阀；21—减压阀；22—空压机

气浮装置由进水系统、溶气系统、反应器主体及自动控制系统组成。进水系统包括进水箱、电动隔膜提升泵，与转子流量计配合，为反应器提供进水并实现流量控制和计量。溶气系统包括不锈钢溶气罐和空压机。溶气罐配有液位控制器和安全阀，与循环水泵配合，控制溶气罐溶气效果；空压机配有减压装置，控制溶气罐压力。6 套气浮设备共用一套溶气系统。反应器采用隔板分为气浮室和清水室，隔板中下位置有开孔，以便气浮室处理的清水流入清水室；两室之间顶部设有浮渣室及排渣口。清水室底部设有排水口，采用阀门控制，顶部设有回流口，通过循环水泵将清水回流至溶气罐，为溶气罐提供溶气用水，配有止逆阀一套，避免其他装置水倒流入实验装置；气浮室配有布水装置、释放器，均匀布水布气，另配有刮渣装置一套，可手动或自动进行清理浮渣。自动控制系统为5寸触摸屏，设有自动和手动两种运行模式：自动模式内置4套标准控制程序、1套自定义程序，实现全自动控制，一键式操作，可保存或导出3年内全部实验数据与曲线；手动模式下，通过提升水泵、循环水泵、刮渣机开关按钮，可手动控制动力设备的开关。

② 实验材料与仪器。智能型六联搅拌器（附6个1000mL烧杯）、转速表（用于校正搅拌机的转速）、pH计、温度计、浊度仪、溶解氧仪、生化培养箱、磁力搅拌器、万分之一天平、真空泵、布氏漏斗、抽滤瓶、烧杯、量筒、锥形瓶、比色管、比色管架、玻璃棒、吸管等，1%三氯化铁溶液、1%硫酸铝溶液、1%聚合氯化铝溶液、0.1%聚丙烯酰胺溶液、6mol/L氢氧化钠和6mol/L硫酸溶液。实验水样为工业废水，如制浆中段废水、染料废水、浆粕废水等。

(4) 实验步骤

① 混凝实验。

a. 实验方案（可自行设计）。实验水样千差万别，对不同的水样、不同的混凝剂或助凝剂其最佳混凝条件也各不相同。可根据自己的兴趣从以下参考实验方案中进行选择，也可发挥创造力自行确定实验方案。可采用单因素实验，也可采用正交实验。

参考实验方案：

(a) 选取某种实验水样，比较不同混凝剂的混凝效果，确定最佳混凝剂种类。

(b) 选取某种实验水样，投加步骤(a)中确定的最佳混凝剂，考察混凝剂用量对混凝效果的影响，确定最佳投加量。

(c) 选取某种实验水样，投加步骤(a)中确定的最佳混凝剂，在步骤(b)所确定的最佳投加量下，考察pH对混凝效果的影响，确定最佳pH值。

(d) 选取某种实验水样，投加步骤(a)中确定的最佳混凝剂，在步骤(b)所确定的最佳投加量和步骤(c)所确定的最佳pH条件下，考察水流速度梯度对混凝效果的影响，确定混凝最佳速度梯度。

(e) 混凝效果指标：COD_{Cr}浓度、浊度、可生化性反映对废水中胶体物质和悬浮物的去除效果，污泥比阻反映形成污泥的可过滤性。

b. 实验步骤（参考）。

(a) 原水水质测定：原水水样COD_{Cr}浓度、浊度、pH值及可生化性。

(b) 初步确定水样中能形成矾花的近似最小混凝剂用量：在1000mL烧杯中加入500mL原水，置于六联搅拌器上，慢速搅拌，每次增加0.2mL的1%浓度的混凝剂，直至出现矾花为止，这时的混凝剂投加量为形成矾花的最小投加量。

c. 混凝剂筛选。分别向四个1000mL的烧杯中加入500mL废水，按照b实验步骤(b)中所确定的各混凝剂最小投加量分别投加1%三氯化铁、1%硫酸铝、1%聚合氯化铝，加0.1%聚丙烯酰胺溶液1mL，启动搅拌器，快速搅拌1min，转速约300r/min；中速搅拌6min，转速约120r/min；慢速搅拌6min，转速约60r/min；停止搅拌，静置5～15min，观察矾花出现的时间及矾花尺寸、松散程度等。取中间上清液测定浊度和COD_{Cr}浓度。选定处理效果好的混凝剂作为实验用最佳混凝剂继续实验。

d. 最佳投药量实验步骤。

(a) 取5个1000mL烧杯分别加入500mL原水，以混凝剂筛选中筛选的最佳混凝剂进行实验，根据得出的形成矾花的最小混凝剂投加量，按加入量分别为最小投加量的1/4、1/2、1、1.5、2倍，把混凝剂分别加入1～5号烧杯中，置于六联搅拌器上。也可以根据原水的浊度和COD_{Cr}浓度，参考经验数据确定投加量范围。

(b) 加0.1%聚丙烯酰胺溶液1mL，启动搅拌器，快速搅拌1min，转速约300r/min；中速搅拌6min，转速约120r/min；慢速搅拌6min，转速约60r/min。观察实验过程中矾花出现的时间及矾花尺寸、松散程度等现象。

(c) 关闭搅拌机、抬起搅拌桨、静置沉淀5～15min，注意观察记录各烧杯中矾花沉降情况。

(d) 取上清液测浊度和COD_{Cr}浓度，根据测定结果确定最佳投药量。

e. 最佳pH值实验步骤。

(a) 取6个1000mL烧杯分别加入500mL原水，以筛选的最佳混凝剂进行实验，分别加入实验得出的最佳混凝剂投加量，用6mol/L的氢氧化钠或6mol/L的硫酸溶液调整原水pH值分别为5、6、7、8、9、10，置于六联搅拌器上。

(b) 加0.1%聚丙烯酰胺溶液1mL，启动搅拌器，快速搅拌1min，转速约300r/min；中速搅拌6min，转速约120r/min；慢速搅拌6min，转速约60r/min。观察实验过程中矾花出现的时间及矾花尺寸、松散程度等现象。

(c) 关闭搅拌器、抬起搅拌桨、静置沉淀5～15min，注意观察记录各烧杯中矾花沉降情况。

(d) 取上清液测浊度和COD_{Cr}浓度，根据测定结果确定最佳pH。

f. 最佳条件下处理效果。

(a) 取1000mL烧杯加入500mL原水，投加按照步骤d确定的最佳投加量投加步骤c筛选的混凝剂，调节原水pH至步骤e确定的最适pH值，将烧杯置于六联搅拌器上。

(b) 加0.1%聚丙烯酰胺溶液1mL，启动搅拌器，快速搅拌1min，转速约300r/min；中速搅拌6min，转速约120r/min；慢速搅拌6min，转速约60r/min。

(c) 关闭搅拌器，抬起搅拌桨，静置沉淀5～15min。

(d) 取上清液测浊度和COD_{Cr}浓度，并进行可生化性测定。

(e) 对底部污泥进行比阻测定，以考察污泥的可过滤性能。

② 原水和出水可生化性测定（微生物呼吸曲线法）。

a. 将原水和处理后的出水分别倒入对应的曝气瓶（在曝气瓶上做好记号），倒入的体积要超过曝气瓶阀门的3～5cm。准备一个空白对照曝气瓶，用蒸馏水作空白对照，用于内源呼吸曲线的测定。

b. 将曝气瓶放到曝气台上，将对应的砂芯曝气头放入相应的曝气瓶中。

c. 插上曝气泵的电源，曝气泵开始工作，砂芯曝气头上有气泡冒出。调节空气流量控制阀门，控制砂芯曝气头的曝气量。一般控制阀门不要开得太大，以防止被测定废水从瓶中溢出。

d. 连续对曝气瓶中的废水（含蒸馏水空白对照）曝气15min后（这个步骤可以事先做好），关闭曝气泵，从曝气瓶中拿出曝气头，关闭曝气瓶阀门，倒掉阀门以上的废水。打开曝气瓶阀门，从曝气瓶口加入浓活性污泥50～100mL（视污泥浓度而定，但各瓶之间的加入量一定要一致)。关闭曝气瓶阀门，倒掉阀门以上的废水，摇匀瓶中液体。

e. 打开曝气瓶阀门，将带密封塞的溶解氧测定仪的氧探头轻轻放入曝气瓶中，测定此时曝气瓶中的溶解氧浓度，并记录结果。

f. 将曝气瓶放入25℃的培养箱中培养（室温超过25℃的，可以直接放在室内培养），并置于磁力搅拌器上，在实验开始后的30min内，每隔5min测定一次溶解氧浓度，当溶解氧浓度变化变慢时，每隔30min测一次，3h后改为每隔1h测定1次，直至溶解氧浓度几乎无变化，结束实验。记录数据。

g. 以溶解氧变化为纵坐标，以时间变化为横坐标，建立一个坐标曲线。通过对该曲线的分析，可以得到某一废水在单位时间中的溶解氧消耗情况，从而了解该废水的可生化性程度。

③ 气浮实验。

a. 检查设备系统外况和全部电气连接线有无异常，如管道设备有无破损、电源电缆有无损坏；检查阀门状态，保证管道通畅，无封闭管道。

b. 准备好足够的实验用废水，可采用制浆中段废水，放入进水箱。

c. 插上电源插头，打开电控箱总开关，合上触电保护开关。

d. 初次使用设备前，由于内置程序不设定气浮气水混合物速度，需对气水混合物的速度进行调整。清水池内置清水，开启循环水泵；打开空压机电源及空压机与溶气罐连接阀门，使空压机处于工作状态；开启气水混合物进料阀，调整气水混合物进料速度，保证气泡均匀即可。注意：进料速度不宜过大，否则导致气浮池内搅拌速度太快，去除悬浮物效率下降。

e. 打开自动控制系统进入界面设置参数。

(a) 选择自动模式，根据废水COD_{Cr}浓度选择“超高浓度”“高浓度”“中浓度”“低浓度”程序或选择“自定义”程序，选择相应运行模式，模式对应的指示灯点亮。

(b) 在界面输入运行时间一栏，根据处理水量和进水流量设定为20～30min，输入数值，按启动键，设备按照程序自动运行，依次开启循环水泵，空压机（按压力自行启动），1min后，开启提升泵。当溶气罐中浮球高于液位计时，循环水泵停止工作，当浮球低于液位计时，循环水泵按照程序预设工作。当达到设定运行时间，进水结束，收到信号后，根据程序自动先关提升泵，1min后关闭循环水泵。

(c) 若采用手动模式，轻触界面右上角处将自动模式换为手动模式，轻触右下角手动自动切换键，进入手动模式界面，打开提升泵、循环水泵及刮渣电机（自动刮渣）的控制键，按照设定运行时间，结束后手动关循环水泵和提升泵。

f. 开展实验。

(a) 实验过程中，根据混凝实验确定的混凝剂种类、投加量、pH等参数，考察气浮装置对COD_{Cr}和浊度的去除率。

(b) 若在手动运行模式下，实验结束后首先关空压机，溶气罐中残留的气体从释放器释出，呈现大气泡，然后关循环水泵和提升泵。

(c) 关闭控制箱主电源，拔掉电源插头，清理反应器。

气浮实验操作视频扫描气浮实验操作视频二维码获取。

气浮实验操作视频

(5) 注意事项

① 混凝实验中，确定最佳投加量、最佳pH值时，尽量同时向各烧杯投

加药剂，避免因时间间隔较长各水样加药后反应时间长短相差太大，混凝效果悬殊。

② 在取上清液测定出水浊度时，不要扰动底部沉淀物。同时，各烧杯取样的时间间隔尽量减小。

③ 混凝现象的记录：包括各烧杯中矾花出现的时间（以投药或混凝反应开始的时间为标准）及停止搅拌时矾花粒度的描述，如矾花过细或分辨不清时，可用“雾状”、“中等粒度”、“密实”、“松散”或“无矾花”等作适当的描述。

④ 可生化性测定时，加入各曝气瓶的活性污泥混合液量应相等（即 MLSS 相同），这样使反应器内活性污泥的呼吸率相同，使各反应器的实验结果有可比性。

⑤ 可生化性测定实验中测溶解氧浓度时，应充分搅拌使反应器内活性污泥浓度保持均匀，以避免误差。

⑥ 气浮装置只使用一套或几套设备时，不使用设备的溶气混合液阀门应关闭。

⑦ 气浮装置溶气罐的减压阀禁止随意调节，减压阀最高压力不得大于 0.4MPa，否则有水管爆裂危险。

⑧ 实验结束后，必须待溶气罐压力归零后，关闭溶气罐阀门。

⑨ 本实验所用气浮设备为普通气浮机，不带有混凝气浮功能，如需加入混凝剂，请将混凝剂加入进水管道即可。

⑩ 气浮装置设备长期不使用，应放空实验设备，避免设备污染。

（6）实验数据记录与处理

① 实验结果记录与计算。

a. 混凝实验（参考）。混凝剂筛选实验结果记录见表 5-9，混凝剂最佳投加量确定实验结果记录见表 5-10，最佳 pH 确定实验结果记录见表 5-11，最佳条件下处理效果记录见表 5-12，污泥比阻测量实验结果记录——b 值计算见表 5-13。

表 5-9 混凝剂筛选实验结果记录

实验温度______℃，原水 pH______，原水 COD_{Cr} 浓度______mg/L，原水浊度______NTU

混凝剂	三氯化铁	硫酸铝	聚合氯化铝
出水浊度/NTU			
COD_{Cr} 浓度/(mg/L)			

表 5-10 混凝剂最佳投加量确定实验结果记录

水样编号		1	2	3	4	5	6
投药量/(mg/L)							
初矾花时间/min							
矾花沉淀情况							
出水浊度/NTU	1						
	2						
	3						
	平均						

续表

水样编号		1	2	3	4	5	6
出水 COD_{Cr} 浓度/(mg/L)	1						
	2						
	3						
	平均						
污泥比阻 α/(s^2/g)							

表 5-11 最佳 pH 确定实验结果记录

pH						
出水浊度/NTU						
出水 COD_{Cr} 浓度/(mg/L)						

表 5-12 最佳条件下处理效果记录

指标	出水浊度/NTU	出水 COD_{Cr} 浓度/(mg/L)	污泥比阻 α/(s^2/g)
数值			

表 5-13 污泥比阻测量实验结果记录——b 值计算

时间 t/s	滤液量 V/mL	t/V/(s/mL)	b/(s/cm^6)

b 值计算：

$$\frac{\mathrm{d}V}{\mathrm{d}t}=\frac{pF^2}{\mu\alpha CV} \tag{5-10}$$

式中 V——滤液体积，mL；

t——过滤时间，s；

p——推动力，即过滤时的压力降，g/cm^2；

F——过滤面积，cm^2；

μ——滤液黏度，g/(cm·s)；

α——污泥比阻，s^2/g；

C——单位体积滤液的固体量，g/cm^3。

积分式：

$$\frac{t}{V}=\frac{\mu\alpha C}{2pF^2}\times V \tag{5-11}$$

t/V 与 V 呈直线关系，其斜率为：

$$b=\frac{t/V}{V}=\frac{\mu\alpha C}{2pF^2} \tag{5-12}$$

利用表 5-13 中的数据，以 V 为横坐标，以 t/V 为纵坐标作图，斜率即 b。

污泥比阻值计算见表 5-14。

表 5-14　污泥比阻值计算表

过滤面积 F ________ cm^2，真空压力 p ________ g/cm^2，滤液黏度 μ ________ $g/(cm \cdot s)$

混凝剂用量 /(mg/L)	滤液体积 V/mL	滤饼干重 m/g	$C/(g/cm^3)$	$k/(s \cdot cm^3)$	比阻 $\alpha/(s^2/g)$

由式（5-13）～式（5-15）计算 C、k 和 α：

$$C=m/V \tag{5-13}$$

$$k=\frac{2pF^2}{\mu} \tag{5-14}$$

$$\alpha=\frac{2pF^2}{\mu}\times\frac{b}{C}=k\frac{b}{C} \tag{5-15}$$

b. 可生化性测定实验结果记录表见表 5-15。

表 5-15　可生化性测定实验结果记录表

项目	t/min														
	0	5	10	15	20	25	30	60	90	120	150	180	240	300	360
内源呼吸 DO /(mg/L)															
累计耗氧量 /(mg/L)															
原水 DO /(mg/L)															
累计耗氧量 /(mg/L)															
出水 DO /(mg/L)															
累计耗氧量 /(mg/L)															

c. 气浮实验结果记录表见表 5-16。

表 5-16 气浮实验结果记录表

水力学停留时间______ s，污水流量______ L/h，气水比______，溶气罐压力______ MPa

项目	COD_{Cr} 浓度/(mg/L)		去除率/%	浊度/NTU		去除率/%	pH	
	进水	出水		进水	出水		进水	出水
数值								

② 绘制实验曲线及实验结果分析讨论。

a. 以混凝剂种类为横坐标、出水浊度和 COD_{Cr} 浓度为纵坐标，绘制混凝剂种类-出水浊度、混凝剂种类-COD_{Cr} 浓度柱状图，对结果进行分析讨论，筛选合适的混凝剂。

b. 以混凝剂投加量为横坐标，出水浊度、COD_{Cr} 浓度和污泥比阻为纵坐标，绘制混凝剂投加量-出水浊度、混凝剂投加量-出水 COD_{Cr} 浓度和混凝剂投加量-污泥比阻关系曲线图，并对结果进行分析讨论，确定最佳混凝剂投加量。

c. 以 pH 为横坐标，出水浊度、COD_{Cr} 浓度作为纵坐标，绘制 pH-出水浊度、pH-出水 COD_{Cr} 浓度关系曲线图，并对结果进行分析讨论，确定最佳 pH。

d. 以时间 t 为横坐标，以累计 DO 消耗量为纵坐标绘制生化呼吸曲线，并对废水混凝处理前后可生化性进行分析讨论。

e. 对最适条件下混凝处理前后的浊度、COD_{Cr} 浓度、污泥比阻和可生化性进行综合分析讨论，给出结论。

f. 对气浮实验结果进行分析讨论，给出结论。

(7) 思考题

① 混凝作用的影响因素有哪些?

② 混凝剂的用量越多，混凝作用是否越明显?

③ 何为内源呼吸，何为生物耗氧? 如何判定某种废水可生化性?

④ 废水混凝前后可生化性的变化情况如何? 为什么会出现这种结果?

⑤ 通过混凝实验可以得出什么结论?

5.4 活性炭吸附实验

活性炭具有微孔发达、比表面积大等特点，具有良好的吸附性能，且具有稳定的化学性质。因此，活性炭吸附工艺被广泛应用于废气处理和废水深度处理中。尽管工程中多应用活性炭动态吸附实验，但活性炭静态吸附实验在吸附剂的筛选、吸附容量及工艺条件确定等方面起着非常重要的作用。本节包括两个实验：①静态吸附实验；②动态吸附实验。

5.4.1 活性炭静态吸附实验

(1) 实验目的

① 针对活性炭静态吸附的影响因素，能够独立选取实验参数，进行各工艺条件对吸附效果影响的实验；

② 能够利用等温吸附理论进行活性炭吸附亚甲基蓝的吸附等温式实验研究；

③ 能够利用吸附动力学相关理论进行活性炭吸附亚甲基蓝的吸附动力学实验研究；

④ 能够利用吸附理论知识分析并解决实验过程中出现的问题；

⑤ 应用作图软件对实验结果进行处理，利用理论知识进行分析讨论，针对实验异常现象分析原因，得出有效结论。

（2）实验原理

① 吸附原理。

a. 外扩散：吸附质分子首先通过外扩散从气流主体穿过边界层扩散到固体表面。

b. 内扩散：吸附质分子从外表面进入微孔内扩散到内表面。

c. 吸附组分在内表面上被吸附堆积。

d. 脱附：被吸附组分从内表面上脱附。

e. 内扩散：被吸附组分在微孔内经内扩散到达吸附剂外表面。

f. 外扩散：被吸附组分穿过边界层外扩散进入气流主体。

g. 当吸附速率等于脱附速率时，吸附达到平衡。

② 吸附等温线。吸附等温线是指在一定温度下，溶质分子在两相界面上进行的吸附过程达到平衡时，它们在两相浓度之间的关系曲线。对于给定体系，达到平衡时的吸附量与温度以及溶液中吸附质的平衡浓度有关。水体中颗粒物对溶质的吸附是一个动态平衡过程，在固定的温度下，当吸附达到平衡时，颗粒物表面的吸附量 q 与溶液溶质平衡浓度 c 之间的关系可用吸附等温线表示，常被用来描述吸附质在溶液与吸附剂之间的平衡分配。

a. 朗缪尔（Langmuir）吸附模型：

$$q=\frac{k_1c}{1+k_1c}q_m \tag{5-16}$$

式中，q_m 为单位质量或单位体积吸附剂盖满一层单分子层时的吸附量；q 为达到任一平衡状态时的吸附量；c 为该状态时的浓度；k_1 为朗缪尔常数。利用达平衡时的条件进行等温式变形：

$$\frac{1}{q}=\frac{1}{q_mk_1c}+\frac{1}{q_m} \tag{5-17}$$

以 $\frac{1}{c}$ 为横坐标、$\frac{1}{q}$ 为纵坐标作图，求出 k_1、q_m 和决定系数（R^2）。

b. 弗罗因德利希（Freundlich）吸附模型：

$$q=kc^{\frac{1}{n}} \tag{5-18}$$

式中，k 为弗罗因德利希常数；n 为常数，通常 $n>1$，随温度的升高，吸附指数 $1/n$ 趋于1，一般认为，$1/n$ 介于0.1～0.5，则容易吸附，$1/n>2$ 的物质难以吸附。

利用达到平衡时的条件进行等温式变形：

$$\lg q=\frac{1}{n}\lg c+\lg k \tag{5-19}$$

以 $\lg c$ 为横坐标、$\lg q$ 为纵坐标作图，求出 k、n 和 R^2。

③ 吸附动力学。吸附动力学曲线是吸附时间与吸附剂对吸附质吸附量的变化曲线，受吸附质浓度、pH、温度、吸附剂以及吸附质和溶剂的性质影响。

a. Lagergren 一阶方程：

$$\frac{\mathrm{d}q}{\mathrm{d}t}=k_1(q_e-q) \tag{5-20}$$

式中，q 为时间 t 时的吸附量，mg/g；q_e 为达到吸附平衡时的吸附量，mg/g；k_1 为方程式常数，min^{-1}。

通过以下曲线求得：

$$\ln\left(\frac{q_e-q}{q_e}\right)=-k_1t \tag{5-21}$$

b. Pseudo 二阶方程：

$$\frac{dq}{dt}=k_2(q_e-q)^2 \tag{5-22}$$

式中，q 为时间 t 时的吸附量，mg/g；q_e 为达到吸附平衡时的吸附量，mg/g；k_2 为二级反应方程式常数，mg/(g・min)。

通过以下曲线求得：

$$\frac{t}{q}=\frac{1}{k_2q_e^2}+\frac{1}{q_e}t \tag{5-23}$$

式中，k_2 为二级速率常数，g/（mg・min)，可以用温度函数来表征；其他参数同上。

(3) 实验仪器和试剂

水浴摇床、可见分光光度计、离心机、电子天平、pH 计、250mL 锥形瓶、移液管、大小烧杯、1L 容量瓶、100mL 容量瓶、25mL 比色管等。

软化水、0.1mol/L 的 NaOH 溶液、0.1mol/L 的盐酸溶液、1%的硝酸溶液、1g/L 的亚甲基蓝染料溶液。

(4) 实验步骤

① 吸附基本操作。

a. 将活性炭颗粒放在蒸馏水中浸 24h，然后放在 105℃烘箱内烘至恒重备用。

b. 打开恒温水浴摇床电源，调至实验所需温度，进行预热。

c. 从 1g/L 的亚甲基蓝染料溶液中，移取适量溶液到 100mL 容量瓶中，定容，再进一步配成所需浓度溶液，移取 200mL 溶液放入 250mL 锥形瓶中，将锥形瓶放入恒温水浴摇床内。

d. 称取适量的活性炭颗粒，待摇床温度达到对应温度后，将活性炭颗粒分别加入相应的锥形瓶内，倾倒时注意使其尽量不要沾壁。

e. 打开水浴摇床振荡开关，同时开始计时。分别在相应的吸附时间取样，利用滴管先将水样取到比色管内，每次取 8mL，离心，取上清液移至已贴标签并编号的小瓶内。

f. 将小瓶内溶液移入比色管，对小瓶进行冲洗后，冲洗溶液倒入比色管，稀释一定倍数，以备测量。

g. 利用 100mg/L 的亚甲基蓝溶液配制 1mg/L、2mg/L、3mg/L、4mg/L、5mg/L 的标准溶液，以蒸馏水为参比，用可见分光光度计在 664nm 处测量吸光度。

h. 根据标准曲线计算吸附量 q。

② 吸附动力学研究。

a. 取五个锥形瓶，分别加入 200mL 浓度为 50mg/L、100mg/L、150mg/L、200mg/L、250mg/L 的染料溶液，称取 5 份 0.25g 细颗粒的活性炭放入相应的锥形瓶中，在 25℃恒温水浴、400r/min 条件下进行吸附。用 pH 计测量溶液 pH 值。

b. 用可见分光光度计测量时间为 1min、5min、10min、15min、20min、30min、40min、

50min、100min、150min 时的溶液吸光度，并用 pH 计测量溶液 pH 值。根据标准曲线计算对应时间的吸附量，并记录数据。

③ 吸附等温式的研究。

a. 取五个锥形瓶，分别加入 200mL 浓度为 50mg/L、100mg/L、150mg/L、200mg/L、250mg/L 的染料溶液，称取 5 份 0.25g 细颗粒的活性炭放入相应的锥形瓶中，分别在 20℃、25℃、30℃、40℃恒温水浴，400r/min 条件下进行吸附。用 pH 计测量溶液 pH 值。

b. 用紫外分光光度计测量时间为 150min 时的溶液中染料的吸光度，并用 pH 计测量溶液 pH 值。根据标准曲线计算吸附量，并记录数据。

(5) 注意事项

① 进行等温吸附实验一定要注意水样温度达到实验设置温度后才能加吸附剂；

② 向锥形瓶加入活性炭时，一定要注意不要沾壁；

③ 取样测量时，盛放样品的小瓶一定要提前贴标签编号，防止混淆。

(6) 实验数据记录与处理

① 实验结果记录。

a. 亚甲基蓝标准曲线实验结果记录见表 5-17。

表 5-17　亚甲基蓝标准曲线实验结果记录

项目	c/(mg/L)				
	1	2	3	4	5
吸光度					

b. 吸附动力学实验结果记录见表 5-18。

表 5-18　吸附动力学实验结果记录

时间 t/min	吸光度	浓度 c/(mg/L)	吸附量 q/(mg/g)	$\ln\frac{q_e-q}{q_e}$	$\frac{t}{q}$/(g·min/mg)
0					
1					
5					
10					
15					
20					
30					
40					
50					
60					
80					
100					
125					
150					

注：每一个初始浓度记录一个表格。

c. 等温吸附实验结果记录见表 5-19。

表 5-19 等温吸附实验结果记录

初始浓度 c/(mg/L)	$\frac{1}{c}$/(L/mg)	$\lg c$/(mg/L)	吸附量 q /(mg/g)	$\frac{1}{q}$/(g/mg)	$\lg q$/(mg/g)
50					
100					
150					
200					
250					

② 指标计算。

$$q=[(c_0-c)V]/m \quad (5\text{-}24)$$

式中，q 是吸附量，mg/g；c_0 是吸附前浓度，mg/L；c 是吸附后浓度，mg/L；V 是溶液体积，L；m 是吸附剂的量，即活性炭量，g。

$$q_e=[(c_0-c_e)V]/m \quad (5\text{-}25)$$

式中，q_e 是平衡吸附量，mg/g；c_e 是平衡吸附浓度，mg/L。

③ 绘制实验曲线及实验结果分析讨论。

a. 根据表 5-17 数据，以亚甲基蓝浓度 c 为横坐标、吸光度为纵坐标绘制标准曲线。

b. 根据表 5-18 数据，以时间 t 为横坐标，以 $\ln\frac{q_e-q}{q_e}$ 和 $\frac{t}{q}$ 为纵坐标，绘制 $t\text{-}\ln\frac{q_e-q}{q_e}$ 和 $t\text{-}\frac{t}{q}$ 拟合直线，并对拟合结果进行分析讨论，判定吸附动力学符合一阶还是二阶方程。

c. 根据表 5-19 数据，以 $\frac{1}{c}$ 为横坐标，以 $\frac{1}{q}$ 为纵坐标，进行 Langmuir 等温吸附线拟合；以 $\lg c$ 为横坐标，以 $\lg q$ 为纵坐标，进行 Freundlich 等温吸附线拟合，并对拟合结果进行分析讨论，判定等温吸附是符合 Langmuir 模型还是 Freundlich 模型。

d. 根据表 5-19 数据，以初始浓度 c 为横坐标，以平衡吸附量 q 为纵坐标，作 $c\text{-}q$ 曲线，并对初始浓度对吸附效果的影响进行分析讨论。

（7）思考题

① 在等温吸附实验中，为什么要溶液达到设定温度才能加吸附剂？若未达到实验设置温度就加入活性炭会出现什么情况？

② 实验过程中，加活性炭时如果沾壁会出现什么情况？

③ 吸附等温线有何实际意义？

5.4.2 活性炭动态吸附实验

（1）实验目的

① 了解连续动态吸附实验装置的流程、单元组成，能够正确操作实验装置；

② 针对动态吸附实验，能够独立设计实验，正确选取参数和指标进行实验，并能对动态吸附实验效果进行正确表述；

③ 能够利用吸附理论知识分析并解决实验过程中出现的问题；

④ 应用作图软件对实验结果进行处理，利用理论知识进行分析讨论，针对实验异常现象分析原因，得出有效结论；

⑤ 对比静态和动态吸附实验过程和结果，得出有效结论。

（2）实验原理

利用活性炭颗粒的吸附作用，结合相应的吸附柱，开展动态吸附实验。动态吸附，即通常采用的流通吸附，把一定质量的吸附剂填充于吸附柱中，令浓度一定的流体在恒温条件下以恒速流过，从而测得透过吸附容量和平衡吸附容量。通过人工配制模拟废水或采用实际工业废水，进行动态吸附实验，最后通过相应的检测手段，得到吸附处理结果。

（3）实验装置、材料与仪器

① 动态吸附实验装置。动态吸附实验装置见图 5-11。

动态吸附实验装置由三个活性炭柱串联组成，采用上进下出的方式动态吸附处理有色废水和有机废水。

② 实验用废水。可以人工配制染料废水，也可以选择工业废水。工业废水一般选择印染废水，色度不要太大，如果过大可以用自来水适当稀释。本实验采用人工配制的亚甲基蓝废水。

③ 测定色度用的仪器和器皿。分光光度计，用于测定废水处理前后的色度变化；取水样用的 100mL 三角瓶 10 个。

图 5-11 动态吸附实验装置

1—进水箱；2—进水泵；3—流量计；4—吸附柱；5—放气阀；6—活性炭颗粒；7—取样阀；8—出水箱

（4）实验步骤

① 检查设备系统外况和全部电气连接线有无异常，管道连接是否正常，管道是否有破损；关闭进水箱和出水箱的排空阀门和进水流量计调节阀。

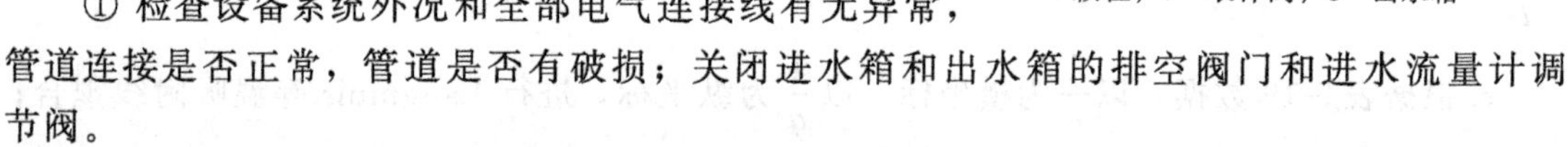

② 将配制的亚甲基蓝废水倒入进水箱，配制的废水色度不要太大。如果要有机物的吸附效果，则可在实验水中加入少许糖类以控制一定的 COD 值。

③ 测定每一个吸附柱的活性炭层高度和容积（活性炭吸附柱的外径 10cm，壁厚 0.8cm）。

④ 设计一系列不同的进水流量，范围 20～160L/h。

⑤ 插上进水泵电源插头，水泵开始工作，慢慢打开流量计调节阀，让流量计转子处于 1/2 位高度。慢慢打开最后一根活性炭柱的下端出水阀（不要开大），开至出水流量与进水流量基本平衡（流量计转子基本上处于 1/2 位高度），然后再调节流量计至所需要的实验流量，并开始计时。

⑥ 废水动态流经三个活性炭柱一定时间（实验时间）后，慢慢打开第一、二根活性炭柱的下端出水阀，分别取第一、二、三根活性炭柱的出水，测定色度，根据需要测 COD 浓度。第一、二根活性炭柱取完水样后要立即关闭出水阀。

⑦ 在整个实验过程中，如果出现活性炭柱上端积累太多空气的现象，则可打开上端的放气阀，排出多余的空气后关闭阀门。

⑧ 按照不同的进水流量通入吸附柱，经过 10min 的接触时间后取进水和不同柱的出水进行色度的测定，根据需要测 COD 浓度。

⑨ 色度的测定（分光光度计法）。对于亚甲基蓝废水，选择比色波长664nm，采用蒸馏水作为对照，分别测定进水的吸光度和各处理后水样的吸光度。根据染料溶液浓度与其吸光度成正比的关系，以溶液的吸光度来反映色度，计算求出色度去除率。

色度去除率＝（原水样吸光度－处理样吸光度）/原水样吸光度×100％

⑩ 实验结束，首先关闭第三根活性炭柱的出水阀，拔掉进水泵电源插头，放空进水箱和出水箱。

⑪ 注入自来水至进水箱，开启进水泵，开启流量计流量至最大，开启第三根活性炭柱的出水阀1/3左右，让自来水清洗三个活性炭柱。

⑫ 当第三个活性炭柱的出水洁净时，关闭出水阀，关闭流量计，关闭进水泵。

⑬ 放空进水箱和出水箱的积水（活性炭柱内始终保持满水状态），待下次实验备用。

（5）注意事项

① 设备长期不使用后重新开始使用，由于水泵的泵体中留有空气，可能会引起水泵的泵水情况不正常，或没有水被泵出。此时要立即关闭水泵，因为水泵的缺水运转很容易损坏水泵。采用挤、捏皮管和一会儿开启水泵、一会儿关闭水泵的方法来排除空气，直至水泵正常工作为止。

② 实验结束，用自来水洗柱后，活性炭柱内要始终保持满水状态。

（6）实验数据记录与处理

① 实验结果记录。动态吸附实验结果记录见表5-20。

表5-20 动态吸附实验结果记录

实验条件	原水样	第一柱	第二柱	第三柱
炭柱高度/m				
炭柱体积/m^3				
实验流量一/(L/h)		20	20	20
吸光度				
色度去除率/%				
实验流量二/(L/h)		40	40	40
吸光度				
色度去除率/%				
实验流量三/(L/h)		80	80	80
吸光度				
色度去除率/%				
实验流量四/(L/h)		120	120	120
吸光度				
色度去除率/%				
实验流量五/(L/h)		160	160	160
吸光度				
色度去除率/%				

② 绘制实验曲线及实验结果分析讨论。

a. 以出水体积为横坐标、出水色度为纵坐标，以色度去除率为90%对应的出水色度作为最大容许出口色度（C_b），绘制曲线图，获得吸附床穿透时的排水体积，并对实验结果进行分析讨论。

b. 以吸附床层长度为横坐标、出水色度为纵坐标，以色度去除率为90%对应的出水色度作为最大容许出口色度（C_b），绘制曲线图，获得吸附床穿透时的床层长度，并对实验结果进行分析讨论。

（7）思考题

① 动态吸附与静态吸附有何不同？分别在什么情况下采用？

② 动态吸附可为工程应用提供什么参数？

5.5 有机废水厌氧和好氧处理实验

有机废水生化处理包括厌氧和好氧工艺，厌氧工艺适用于处理高浓度有机废水，而好氧工艺适用于处理低浓度有机废水，本实验中厌氧工艺选用工程上常用的升流式厌氧污泥床（USAB）设备，好氧工艺选用近年来新兴的膜生物反应器（MBR）设备。通过实验，使学生了解厌氧、好氧工艺适合的废水处理浓度、工艺条件和处理效果，并结合实验进行分析讨论；对厌氧、好氧构筑物及其运行有较为深入的理解。

5.5.1 UASB处理有机废水实验

（1）实验目的

① 了解UASB处理废水实验装置的流程、单元组成，能够正确操作UASB装置；

② 针对UASB处理废水影响因素，能够独立选取实验参数，并对反映处理效果的指标进行正确测定；

③ 能够利用厌氧沼气发酵理论知识分析并解决UASB处理废水实验过程中出现的问题；

④ 应用作图软件对实验结果进行处理，利用理论知识进行分析讨论，针对实验异常现象分析原因。

（2）实验原理

① 设备原理。UASB是第二代厌氧反应器的典型代表，设备具有较大的高径比，通常为2～4。进水加热至35～40℃由提升泵进入UASB，在反应器中自下而上流动，废水中有机物经污泥降解，代谢产生的生物气夹带污泥随水向上流动，经三相分离器，将水与气、泥分离后，被气夹带至上方的污泥重新沉降至污泥区，出水自上方的排水口排出，气体由上部与三相分离器相连的气体收集装置进行收集。反应器中污泥在向上流流体的剪切作用下形成颗粒污泥，提高了有机负荷和处理效果。

② 沼气发酵原理。UASB是利用沼气发酵原理处理有机废水的，分为三个阶段：a. 水解发酵阶段；b. 产氢产乙酸阶段及同型产乙酸阶段；c. 产甲烷阶段。涉及的菌群包括水解发酵菌群、产氢产乙酸菌群、同型产乙酸菌群和产甲烷菌群。由于废水中硫酸盐的存在，系统中还存在硫酸盐还原菌群。废水中复杂有机物首先在水解发酵菌群的作用下被降解为短链脂肪酸，为第二阶段产氢产乙酸菌群提供底物。由于水解发酵菌群中存在兼性厌氧菌群，消耗进水中的溶解氧，为系统中严格厌氧菌群提供低的氧化还原电位环境。产氢产乙酸菌群利用

第一阶段的短链脂肪酸产生氢和乙酸，为产甲烷菌群提供底物，产甲烷菌群利用氢和乙酸产生甲烷，防止系统酸化。三个阶段的菌群共同维持系统稳定的 pH 和氧化还原电位（ORP）环境。硫酸盐还原菌的存在可以降解短链脂肪酸，防止丙酸积累，有利于沼气发酵系统的运行。但体系中硫酸盐浓度较高时，硫酸盐还原菌相对丰度较高，会对系统产生不利的影响：一方面硫酸盐还原菌与产甲烷菌竞争底物，硫酸盐还原菌适应的环境条件和底物与产甲烷菌重合且比产甲烷菌更广，因此往往会使产甲烷菌受到抑制；另一方面硫酸盐还原菌还原硫酸盐产生硫化氢，对体系中微生物菌群产生毒害作用，从而使系统无法正常运行。利用沼气发酵系统处理有机废水一定要控制硫酸盐浓度。

（3）实验装置、材料与仪器

① 实验装置。UASB 实验装置见图 5-12。设备技术指标及参数：处理能力为 10L/h；反应池尺寸为 300mm×300mm×600mm；电源为 220V、功率为 100W；装置总尺寸为长 600mm×宽 600mm×高 1200mm；标准进水速度为 16.67L/h。实验装置的组成和规格：厌氧发酵柱 1 套、加热恒温装置 1 套、温度控制系统 1 套、计量泵 1 台、循环水泵 1 台、沼气流量计 1 台、带刻度一体成型废水水箱 1 只、电控装置 1 套（电控箱、漏电保护开关、按钮开关）、工艺过程自动控制系统（5 寸高级触摸屏，内置 4 套标准控制程序、1 套自定义程序，全自动控制，能实现无人值守，可保存或导出 3 年内全部实验数据与曲线）、自动取样装置 1 套、连接管道和球阀、带移动轮子 316L 不锈钢台架。

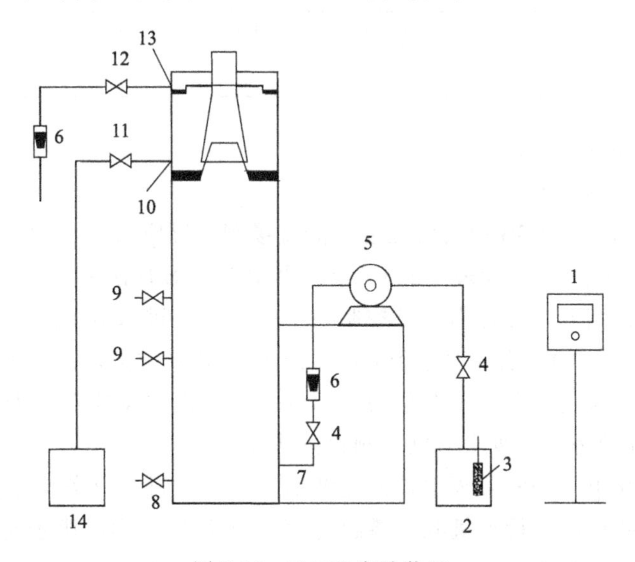

图 5-12　UASB 实验装置

1—自动控制系统；2—进水箱；3—加热装置；4—阀门；5—提升泵；6—转子流量计；7—进水口；8—排泥口；9—采样口；10—排水口；11—排水阀；12—排气阀；13—排气口；14—储水箱

UASB 装置由进水系统、反应器主体、排水系统及自动控制系统组成。进水系统包括进水箱、电动隔膜提升泵，与转子流量计配合，为反应器提供进水并实现流量控制和计量；进水箱中配有带温度控制器的加热装置，确保进水温度控制在 35～40℃。反应器主体是实现有机废水处理的场所，为透明有机玻璃圆柱，高径比为 6∶1；配有三相分离器，使泥、气、水三相分离；配有取样阀门，可分别取各段水样；进水口位于反应器底部，排水口位于顶部，废水在反应器中自下而上流动；配有带刻度储水箱，盛放处理后出水，也可取样测相关指标。自动控制系统为 5 寸触摸屏，设有自动和手动两种运行模式：自动模式内置 4 套标准控制程序、1 套自定义程序，实现全自动控制，一键式操作，可保存或导出 3 年内全部实验数据与曲线；手动模式下，通过提升泵开关按钮，可手动控制动力设备的开关。

UASB 实验装置视频

装置视频扫描 UASB 实验装置视频二维码获取。

② 实验材料与仪器。

a. 测定 COD_{Cr} 的相关试剂和相关的玻璃器皿，HACH 消解仪和 COD 测定仪。

b. 实验用高浓度模拟有机废水的准备：用淀粉（煮熟）、可溶性蛋白质和葡萄糖等配制实验用高浓度模拟有机废水，按照 BOD∶N∶P＝200∶5∶1 的比例补加氮源和磷源，并添加微量元素，COD_{Cr} 控制在 4000～10000mg/L，具体可参照表 5-21 和表 5-22。

表 5-21 高浓度模拟有机废水组成

葡萄糖 /(mg/L)	硫酸铵 /(mg/L)	磷酸二氢钾 /(mg/L)	硫酸镁 /(mg/L)	氯化钙 /(mg/L)	碳酸钠 /(mg/L)	微量元素溶液 /mL
5000	278	115	67	133	521	0.7

表 5-22 微量元素溶液组成 单位：g/L

$FeCl_3 \cdot 6H_2O$	H_3BO_3	$CuSO_4 \cdot 5H_2O$	KI	$MnSO_4 \cdot H_2O$	$(NH_4)_6Mo_7O_{24} \cdot 4H_2O$	$ZnCl_2$	$CoCl_2 \cdot 6H_2O$	$Ni(NO_3)_2$
1.5	0.15	0.03	0.03	0.10	0.065	0.057	0.15	0.15

c. 厌氧活性污泥的培养和驯化。

Ⅰ. 厌氧活性污泥的培养。

（Ⅰ）将取自啤酒厂 UASB 中的污泥混合液直接倒入反应器中，加入实验室模拟高浓度有机废水（废水组成见表 5-21 和表 5-22），反应器中 MLSS 控制在 8000～10000mg/L。

（Ⅱ）采用间歇式培养，处理周期可控制在 12h 左右，进水 pH 控制在 6.7～7.5，温度控制在 35～40℃，当 COD_{Cr} 去除率达到 85％以上时，培养结束，污泥可用于实验。

Ⅱ. 厌氧活性污泥驯化。若处理对象为实际废水，则根据需要对培养后的厌氧活性污泥进行污泥驯化，以处理屠宰厂废水为例，驯化方法如下。

（Ⅰ）污泥的驯化可采用实际废水负荷逐渐增加的方式进行（若废水缺氮少磷则还需按照 BOD∶N∶P＝200∶5∶1 投加氮源和磷源）。在开始阶段，实际废水有机负荷可设为设计负荷的 1/4，进水 pH 控制在 6.7～7.5，温度控制在 35～40℃，当 COD_{Cr} 去除率达到 85％以上时，第一阶段驯化结束，可进入第二阶段驯化。

（Ⅱ）实际废水有机负荷增加至设计负荷的 1/2，按照步骤（Ⅰ）进行驯化。如此直至有机负荷达到设计负荷，驯化结束，污泥可用于实验。

(4) 实验步骤

① 检查设备系统外况和全部电气连接线有无异常，如管道设备有无破损、电源电缆有无损坏；检查阀门状态，保证管道通畅，无封闭管道。

② 准备好足够的实验用模拟废水，放入进水箱，pH 控制在 7.0 左右。

③ 将厌氧活性污泥倒入 UASB，或者实验前在 UASB 中培养活性污泥，反应器中 MLSS 控制在 8000mg/L 左右。

④ 插上电源插头，打开电控箱总开关，合上触电保护开关。

⑤ 开启加热装置，使进水温度控制在37℃左右。

⑥ 打开自动控制系统进入界面设置参数。

a. 选择自动模式，根据配制模拟废水COD_{Cr}浓度选择“超高浓度”“高浓度”“中浓度”“低浓度”程序或选择“自定义”程序。厌氧的超高浓度是COD_{Cr}浓度10000mg/L以上，高浓度是8000～10000mg/L，中浓度是6000～8000mg/L，低浓度是6000mg/L以下。下面以自定义程序为例介绍参数设置。

b. 在界面输入运行时间一栏，根据配制废水COD_{Cr}浓度设定为480～720min，输入数值，按启动键，设备按照程序自动运行。

c. 若采用手动模式，轻触界面右上角处将自动模式换为手动模式，轻触右下角手动自动切换键，进入手动模式界面，打开提升泵的控制键，设定运行时间结束后手动关提升泵。

⑦ 开展实验。

a. 实验过程中，针对有机废水，可考察水力学停留时间对COD_{Cr}去除率的影响，在不同水力学停留时间下取样测COD_{Cr}，连续取6个样，计算COD_{Cr}去除率，确定合适的水力学停留时间。

b. 若进水流速快，无法控制所设置的水力学停留时间，可将出水收集于储水箱，用提升泵重新循环至反应器，直至达到设置的水力学停留时间。

c. 打开反应器污泥取样阀，取污泥测污泥混合液浓度（MLSS）。

d. 实验结束，关闭控制箱主电源，拔掉电源插头。

操作视频扫描UASB实验操作步骤视频二维码获取。

UASB实验操作步骤视频

（5）注意事项

① 设备长期不使用，应放空实验装置。

② 严禁私自更改设备电路及控制系统控制程序，如有需要，请咨询厂家，在厂家指导下进行操作。

③ 实验过程中，进水温度严格控制在35～40℃，偏低或偏高都会造成处理效果明显下降。

④ 实验过程中，反应器pH控制在6.7～7.5，偏离该范围会使处理效果明显下降。

⑤ 实验过程要合理控制进水流速，反应器中污泥不形成明显的死角。

（6）实验数据记录与处理

① 实验结果记录。水力学停留时间对UASB处理效果的影响实验结果记录见表5-23。MLSS测定结果记录见表5-24。

表5-23 水力学停留时间对UASB处理效果的影响实验结果记录

进水温度________℃，pH ________，ORP ________ mV

水力学停留时间/h	进水COD_{Cr}浓度/(mg/L)	出水COD_{Cr}浓度/(mg/L)	COD_{Cr}去除率/%
2			
4			
6			
8			
10			
12			

表 5-24 MLSS 测定结果记录

混合污泥体积/mL	烧杯＋滤纸质量/g	烧杯＋滤纸＋污泥质量/g	污泥质量/g
100			

② 指标计算。

a. COD_{Cr} 去除率。

COD_{Cr} 去除率＝（进水 COD_{Cr} 浓度－出水 COD_{Cr} 浓度）/进水 COD_{Cr} 浓度×100％

b. MLSS。

MLSS＝污泥质量/混合液污泥体积

③ 绘制实验曲线及实验结果分析讨论。以水力学停留时间 t 为横坐标、COD_{Cr} 去除率或出水 COD_{Cr} 浓度为纵坐标，绘制 t-COD_{Cr} 去除率曲线图或 t-出水 COD_{Cr} 浓度曲线图，分析讨论水力学停留时间对 UASB 处理废水效果的影响，并结合 MLSS 综合分析讨论反应器运行情况。

（7）思考题

① 分析 UASB 中菌群的共代谢作用。

② 为什么要控制 UASB 进水硫酸盐浓度？

③ UASB 运行中，进水不可避免会带入一定浓度的溶解氧，但反应器仍可保持厌氧条件，原因是什么？

④ 工程废水进 UASB 前要加生石灰进行预处理，作用是什么？

⑤ 温度偏离 35～40℃，pH 偏离 6.7～7.5，UASB 处理效果会有明显下降，原因是什么？

5.5.2 MBR 处理有机废水实验

（1）实验目的

① 了解 MBR 处理有机废水实验装置的流程、单元组成，能够正确操作 MBR 装置。

② 针对 MBR 处理废水影响因素，能够独立选取实验参数，并对反映处理效果的指标进行正确测定。

③ 了解 MLSS、MLVSS、SVI 等污泥理化指标的测定方法，能够根据指标值对好氧活性污泥性能作出评价。

④ 了解好氧活性污泥系统曝气设备充氧能力的测定方法及空气扩散过程中氧的转移规律，能够根据实验结果对曝气设备供氧能力和动力效率作出正确评价。

⑤ 能够利用好氧处理有机废水相关理论知识分析并解决 MBR 处理废水实验过程中出现的问题。

⑥ 应用作图软件对实验结果进行处理，利用理论知识进行分析讨论，针对实验异常现象分析原因。

（2）实验原理

① 设备原理。MBR 为膜生物反应器的简称，是一种将膜分离技术与生物技术有机结合的新型水处理技术，它利用膜分离设备将生化反应池中的活性污泥和大分子有机物截留住，省掉二沉池。膜生物反应器工艺通过膜的分离技术大大强化了生物反应器的功能，使活性污泥浓度大大提高，从而提高废水处理效果。

② 有机物降解原理。有机物在 MBR 中活性污泥的作用下进行降解。活性污泥中菌胶团首先将有机物吸附于表面，而后在溶解氧的存在下，菌胶团中的兼性厌氧菌群和好氧菌群将有机物通过三羧酸循环的方式彻底矿化为二氧化碳、水和其他无机分子。若废水中存在大分子有机颗粒，首先由细胞分泌的胞外酶将大分子颗粒物水解为小分子有机物后，进入细胞中被矿化。

(3) 实验装置、材料与仪器

① 实验装置。MBR 实验装置见图 5-13。设备技术指标及参数：处理能力为 10L/h；反应池尺寸为 300mm×300mm×600mm；电源为 220V、功率为 100W；装置总尺寸为长 600mm×宽 400mm×高 800mm；有效停留时间＞4h；污泥负荷为 0.2～0.4kg/(kg·d)；标准进水速度为 16.67L/h；标准产水速度为 16.67L/h。实验装置的组成和规格：带刻度一体成型进水器 1 套、出水箱 1 只、膜生物反应器及组件 1 套、水泵 1 台、气泵 1 台、隔膜抽吸泵 1 台、进水流量计 1 只、出水流量计 1 只、真空压力表 1 只、气体流量计 1 只、电控装置 1 套（电控箱、漏电保护开关、按钮开关）、工艺过程自动控制系统（5 寸高级触摸屏，内置 4 套标准控制程序、1 套自定义程序，全自动控制，能实现无人值守；可保存或导出 3 年内全部实验数据与曲线）、自动取样装置 1 套、连接管道和球阀、带移动轮子 316L 不锈钢台架。

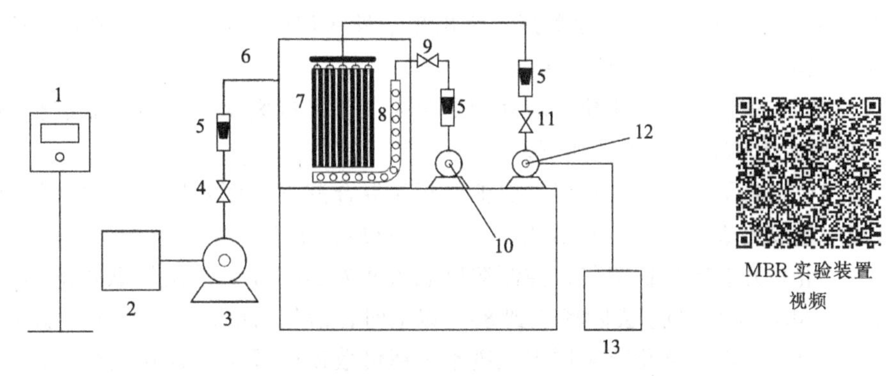

图 5-13 MBR 实验装置

1—自动控制系统；2—进水箱；3—提升泵；4—水量控制阀；5—流量计；6—进水口；7—膜组件；8—曝气管；9—止回阀；10—气泵；11—控制阀；12—抽水泵；13—清水箱

MBR 装置由进水系统、反应器主体、曝气系统、排水系统及自动控制系统组成。进水系统包括进水箱、电动隔膜提升泵，与转子流量计配合，为反应器提供进水并实现流量控制和计量。反应器主体是实现废水处理的场所，配有穿孔曝气装置（为反应器提供溶解氧）、陶瓷膜组件，处理后出水从膜外部进入中空的内部，由抽水泵抽出。曝气系统包括空气泵，通过管道与反应器中的穿孔曝气管相连，为反应器提供溶解氧，配有转子流量计，控制进气流量；连接空气泵的气体管路上配置止回阀。排水系统包括电动隔膜抽水泵，配有转子流量计，控制抽水流量，并与进水流量计配合，保证进出水协调，配有清水箱盛放处理后出水。自动控制系统为五寸触摸屏，设有自动和手动两种运行模式：自动模式内置 4 套标准控制程序、1 套自定义程序，可保存或导出 3 年内全部实验数据与曲线；手动模式下，通过提升泵、抽水泵、气泵的开关按钮，可手动控制动力设备的开关。

② 实验材料与仪器

a. 测定 COD_{Cr} 的相关试剂和玻璃器皿，HACH 消解仪和 COD 测定仪；测定溶解氧浓度的溶解氧仪；测定 MLSS、SVI 的相关材料和玻璃器皿。

b. 实验用低浓度模拟有机废水的准备：用淀粉（煮熟）、可溶性蛋白质和葡萄糖等配制实验用低浓度模拟有机废水，按照 BOD：N：P＝100：5：1 的比例补加氮源和磷源，COD_{Cr} 控制在 200～800mg/L，具体可参考表 5-25。

表 5-25　实验室模拟有机废水组成　　单位：mg/L

项目	营养物质					
	葡萄糖	硫酸铵	磷酸二氢钾	硫酸镁	氯化钙	碳酸钠
浓度	800	184	70	33	66	260

c. 好氧活性污泥的培养与驯化。

Ⅰ. 好氧活性污泥培养。若处理对象为生活污水或可生化的低浓度有机废水，则活性污泥在实验室培养 3～5 天即可，培养方法如下。

（Ⅰ）将取自污水处理厂二沉池的污泥混合液直接倒入反应器中，加入生活污水或实验室模拟废水（废水组成见表 5-25），反应器中 MLSS 控制在 2000～3000mg/L。

（Ⅱ）开启曝气机曝气，控制溶解氧浓度为 2mg/L，采用间歇式培养，处理周期可控制在 4～8h，经若干天曝气培养后，会出现活性污泥的增加，当 COD_{Cr} 去除率达到 85%以上时，培养结束，污泥可用于实验。

Ⅱ. 好氧活性污泥驯化。若处理对象为工业有机废水，则污泥需进行驯化，以处理制浆中段废水为例，驯化方法如下。

（Ⅰ）将取自污水处理厂二沉池的污泥混合液直接倒入反应器中，采用实验室模拟废水（废水组成见表 5-25）进行活化 1～2 天，反应器中 MLSS 控制在 3000～4000mg/L。

（Ⅱ）开启曝气机曝气，控制溶解氧浓度为 2mg/L，采用间歇式培养，处理周期可控制在 6～8h，当 COD_{Cr} 去除率达到 85%以上时，活化结束，污泥可用于驯化阶段。

（Ⅲ）污泥的驯化可采用工业废水稀释倍数逐渐减小的方式进行，且制浆中段废水按照 COD_{Cr}：N：P＝200：5：1 投加氮源和磷源。在开始阶段，制浆中段废水与实验室模拟有机废水（见表 5-25）的体积比为 1：9，溶解氧浓度为 2mg/L，处理周期为 6～8h，当 COD_{Cr} 去除率达到 85%以上时，第一阶段驯化结束，可进入第二阶段驯化。

（Ⅳ）第二阶段制浆中段废水与实验室模拟有机废水（见表 5-25）的体积比提高至 2：8，按照步骤（Ⅲ）进行驯化。

（Ⅴ）第三至第六阶段可逐步提高制浆中段废水与实验室模拟有机废水（见表 5-25）的体积比至 4：6、6：4、8：2，直至最终进水全部为制浆中段废水，按照步骤（Ⅲ）进行驯化，驯化结束，污泥可用于实验。

（4）实验步骤

① 检查设备系统外况和全部电气连接线有无异常，如管道设备有无破损，电源电缆有无损坏；检查阀门状态，保证管道通畅，无封闭管道。

② 准备好足够的实验用模拟废水，放入进水箱。

③ 将好氧活性污泥倒入 MBR 中，或者实验前在 MBR 反应器中培养活性污泥，反应器中 MLSS 控制在 2000～4000mg/L。

④ 插上电源插头，打开电控箱总开关，合上触电保护开关。

⑤ 校准产水流量计，保持与进水流量一致。

⑥ 先利用手动操作模式打开气泵开关，通过流量计调节曝气量，控制反应器溶解氧浓度为 2mg/L 左右。

⑦ 打开自动控制系统进入界面设置参数。

a. 选择自动模式，根据配制模拟废水 COD_{Cr} 浓度选择“超高浓度”“高浓度”“中浓度”“低浓度”程序或选择“自定义”程序。好氧的超高浓度是 COD_{Cr} 浓度大于 800mg/L，高浓度是 500～800mg/L，中浓度是 300～500mg/L，低浓度是低于 300mg/L。选择相应的运行模式，对应的指示灯点亮。

b. 在界面输入运行时间一栏，根据配制废水可生化性和 COD_{Cr} 浓度设定为 240～360min，输入数值。

c. 设置提升泵和抽水泵启停频率：当选择超高浓度时，泵开 2min 停 8min，高浓度时开 4min 停 6min；中浓度时开 6min 停 4min；低浓度时开 8min 停 2min；自定义模式根据 COD_{Cr} 浓度手动输入泵启停频率。设定完毕后按确认键返回界面，按启动键，设备进入自动运行，依次开启曝气器、提升泵（1min 后）、抽水泵，按照设置的泵开启频率运行。达到设定运行时间后，提升泵、抽水泵自动关闭，1min 后气泵自动关闭。

d. 若采用手动模式，轻触界面右上角处将自动模式换为手动模式，轻触右下角手动自动切换键，进入手动模式界面，依序打开曝气器、提升泵和抽水泵的控制键，按照设置的泵启动频率手动开停提升泵和抽水泵，按照设定运行结束时间手动关曝气器。

⑧ 开展实验。

a. 实验过程中，针对有机废水，可以在每个阶段结束后，通过与抽水泵连接的出水管取样测 COD_{Cr} 浓度，计算去除率。也可考察水力学停留时间对 COD_{Cr} 去除率的影响，在不同水力学停留时间下取样测 COD_{Cr} 浓度，连续取 6 个样，计算 COD_{Cr} 去除率，确定合适的水力学停留时间。

b. 在曝气阶段，污泥混合均匀的情况下，取污泥混合液测定污泥指标 MLSS、MLVSS、SVI。

c. MBR 运行结束，将反应器中污泥清空并清洗反应器，将膜片取出，在反应器中注满自来水，测曝气设备充氧能力（测定步骤详见 3.16）。

d. 实验结束，关闭控制箱主电源，拔掉电源插头。

操作视频扫描 MBR 实验操作步骤视频二维码获取。

MBR 实验操作步骤视频

（5）注意事项

① 设备长期不使用，应放空实验装置。

② 严禁私自更改设备电路及控制系统控制程序，如有需要，请咨询厂家，在厂家指导下进行操作。

③ 实验完毕，实验设备长期不用，必须对膜组件进行冲洗，并浸泡于去离子水中，定时更换水。

④ 实验过程，一定要调节进出水流量计流量一致。

⑤ 由于气泵位置低于反应器中的液位，一定要在曝气管路上正确安装止回阀，防止反应器中水倒流入气泵，损坏设备。

（6）实验数据记录与处理

① 实验结果记录。水力学停留时间对 MBR 处理效果的影响实验结果记录见表 5-26，污泥指标测定结果记录见表 5-27，曝气设备充氧能力记录见表 5-28。

表 5-26 水力学停留时间对 MBR 处理效果的影响实验结果记录

溶解氧浓度________ mg/L，pH ________

水力学停留时间/h	进水 COD_{Cr} 浓度/(mg/L)	出水 COD_{Cr} 浓度/(mg/L)	COD_{Cr} 去除率/%
1			
2			
3			
4			
5			
6			

表 5-27 污泥指标测定结果记录

混合液污泥体积/L	沉降 30min 污泥体积 /mL	坩埚质量 /mg	坩埚＋污泥质量 (105℃烘干) /mg	坩埚＋残渣质量 (马弗炉灼烧) /mg	污泥质量 /mg	残渣质量 /mg

表 5-28 曝气设备充氧能力记录

水温________℃，气压________ kPa

时间 t/h	$CoCl_2$ 投加量/g	Na_2SO_3 投加量/g	溶解氧饱和浓度 c_s/(mg/L)	溶解氧浓度 c/(mg/L)	$\ln(c_s-c)$ /(mg/L)
1					
2					
3					
4					
5					
6					

注：c_s 为实验条件下自来水的溶解氧饱和浓度理论值。

② 指标计算。

a. COD_{Cr} 去除率：COD_{Cr} 去除率＝(进水 COD_{Cr} 浓度－出水 COD_{Cr} 浓度)/进水 COD_{Cr} 浓度×100％。

b. MLSS：MLSS＝污泥质量/混合液污泥体积。

c. MLVSS：MLVSS＝(灼烧前污泥质量－灼烧后残渣质量）/混合液污泥体积。

d. SVI：SVI＝沉降 30min 污泥体积/污泥质量。

③ 绘制实验曲线及实验结果分析讨论。

a. MBR 运行性能。以水力学停留时间 t 为横坐标、COD_{Cr} 去除率及出水 COD_{Cr} 浓度为纵坐标，绘制 t-COD_{Cr} 去除率曲线图及 t-出水 COD_{Cr} 浓度曲线图，分析讨论水力学停留时间对 MBR 处理废水效果的影响，并结合污泥指标综合分析讨论反应器运行情况。

b. 曝气设备充氧能力。以时间 t 为横坐标、溶解氧浓度为纵坐标绘制充氧曲线，任取两

点计算 K_{La}，或以时间 t 为横坐标，以 $\ln(c_s - c)$ 为纵坐标，绘制出实验曲线。由直线的斜率求出 K_{La}。

充氧能力用式（5-26）计算：

$$OC = K_{La(20)} c_{s(标)} V \tag{5-26}$$

式中，V 为曝气池体积，m^3。

动力效率（E）常被用以比较各种曝气设备的经济效率，计算公式如下：

$$E = \frac{OC}{N} \tag{5-27}$$

式中，OC 为标准条件下的充氧能力，kg/h；N 为曝气设备功率，若采用叶轮曝气，N 为轴功率，kW。

根据实验结果评价曝气设备充氧能力和动力效率。

（7）思考题

① 与好氧活性污泥工艺相比，MBR 工艺存在哪些优势？

② MBR 工艺中，溶解氧浓度太高或太低会对反应器处理效果有什么影响？分析产生这些影响的原因。

③ MBR 运行过程中，为什么要调节进出水流量计流量一致？

④ 试分析 MBR 中膜组件的作用。

5.6 SBR、氧化沟处理生活污水实验

生活污水的处理不仅涉及有机物的降解，还涉及脱氮除磷，常用的传统处理工艺 A_2O 占地面积大、流程长，在用地紧张的情况下具有较大的局限性。序批式活性污泥（SBR）工艺和氧化沟工艺可在一个构筑物中实现厌氧、缺氧、好氧过程，占地面积小，在工程中也得到广泛应用。本实验采用 SBR 和氧化沟两类工艺处理生活污水，通过实验，学生可以了解两类构筑物的区别，处理生活污水工艺条件和处理效果的区别，并结合实验进行分析讨论，对 SBR 和氧化沟构筑物及其运行有较为深入的理解。

5.6.1 SBR 实验

5.6.1.1 实验目的

SBR 工艺是由活性污泥工艺演化而来，本质是间歇式的活性污泥工艺。工程中应用的循环活性污泥工艺（CASS、CAST）是以 SBR 为基础发展起来的。SBR 工艺在污水处理工艺中非常重要。通过 SBR 实验要求达到以下目的：

① 了解 SBR 处理生活污水实验装置的流程、单元组成，能够正确操 SBR 装置；

② 针对 SBR 处理生活污水影响因素，能够独立选取实验参数，并对反映处理效果的指标进行正确测定；

③ 了解 MLSS、MLVSS、SVI 等污泥理化指标的测定方法，能够根据指标值对 SBR 运行性能做出评价；

④ 能够利用生活污水脱氮除磷相关理论知识分析并解决 SBR 实验过程中出现的问题；

⑤ 应用作图软件对实验结果进行处理，利用理论知识进行分析讨论，针对实验异常现象分析原因。

5.6.1.2 实验原理

(1) 设备原理

SBR 是通过一套自动控制程序运行的，一旦启动，无需人工。典型 SBR 程序包括五个阶段：进水、曝气、沉淀、排水、闲置（或等待）。SBR 运行示意图见图 5-14。这一套程序还可以依据实际情况修改，例如，对于含较多大分子物质的废水或除磷过程，需要厌氧过程，可以加入一个厌氧运行程序。进水过程不仅是为反应器提供废水的过程，同时起厌氧或缺氧的生物降解或转化作用；曝气是好氧生物过程；沉淀起工程中二沉池的作用；排水过程与工程上的其他构筑物不同，通过滗水器排水；等待阶段为下一周期进水做准备，同时是缺氧及厌氧消化过程。因此，SBR 设备原理本质就是将厌氧、缺氧、好氧、沉淀过程在一个反应器中实现，整个处理工艺省略了二沉池，使整个处理系统的占地面积减小、造价大大降低。曝气池内的活性污泥浓度提高，脱氮除磷和分解有机物的能力也随之提高。

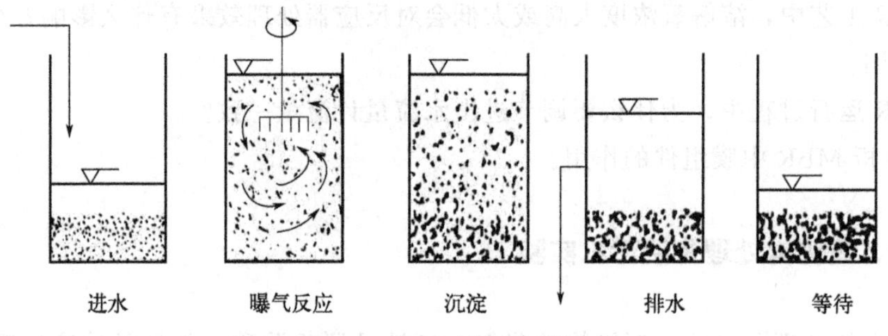

图 5-14 SBR 运行示意图

(2) SBR 处理有机废水原理

SBR 在处理有机废水时，将水解酸化和好氧生物降解在一个反应器中实现。在进水的厌氧阶段，废水中的大分子物质转化为短链的脂肪酸，若废水中较难生化物质较多或废水浓度较高，需延长厌氧运行阶段；小分子有机酸在曝气阶段，在好氧微生物的作用下，矿化为二氧化碳和水；在曝气阶段溶解氧浓度需控制在 2mg/L 以上。

(3) SBR 脱氮除磷原理

SBR 在生活污水脱氮过程中，在进水的缺氧阶段发生的生化反应是亚硝态氮和硝态氮转化为氧化亚氮，再进一步转化为氮气，涉及的菌群是反硝化菌群，为氧的耐受型微生物，营养类型是化能异养型，需要有机碳作为碳源和供氢供电体。好氧阶段发生的生化反应是氨氮转化为硝态氮和亚硝态氮，涉及的菌群是亚硝酸细菌群和硝酸细菌群，属于严格好氧的微生物，营养类型为化能自养型，生长缓慢；该阶段若存在大量有机物会导致化能异养菌大量繁殖，消耗溶解氧，使溶解氧浓度降低，亚硝酸细菌和硝酸细菌没有足够的溶解氧，生长代谢会受到抑制，因此溶解氧浓度必须控制在 3～4mg/L 以上。

SBR 在生活污水除磷过程中，涉及聚磷菌以及产酸菌。聚磷菌细胞内有两类特殊的颗粒物——聚-β-羟丁酸（PHB）颗粒和异染颗粒。在厌氧条件下聚磷菌释磷、不繁殖，储存好氧条件下的能源物质 PHB 颗粒；在好氧条件下利用 PHB 颗粒作为能源物质逆浓度梯度吸磷，同时菌体大量繁殖，通过排泥将磷去除。污水中往往含有复杂有机物，聚磷菌并不能直接利用，需要由产酸菌将这些复杂有机物降解为短链脂肪酸，为聚磷菌提供底物。

5.6.1.3 实验装置、材料与仪器

(1) 实验装置

SBR 实验装置见图 5-15。设备技术指标及参数：处理能力为 10L/h；反应池尺寸为 300mm×300mm×600mm；电源为 220V、功率为 100W；装置总尺寸为长 600mm×宽 400mm×高 800mm；有效停留时间>4h；污泥负荷为 0.2～0.4kg/(kg·d)；标准进水速度为 16.67L/h。实验装置的组成和规格：带刻度一体成型 SBR 反应器 1 套、穿孔曝气装置 1 套、浮筒滗水器 1 个、配水箱 1 只、水泵 1 台、气体流量计 1 只、转子流量计 1 只、低噪声充氧泵 1 台、出水电磁阀 1 只、电控装置（电控箱、漏电保护开关、按钮开关）1 套、工艺过程自动控制系统（5 寸高级触摸屏，内置 4 套标准控制程序、1 套自定义程序，全自动控制，能实现无人值守；可保存或导出 3 年内全部实验数据与曲线）、自动取样装置 1 套、连接管道和球阀、带移动轮子 316L 不锈钢台架。

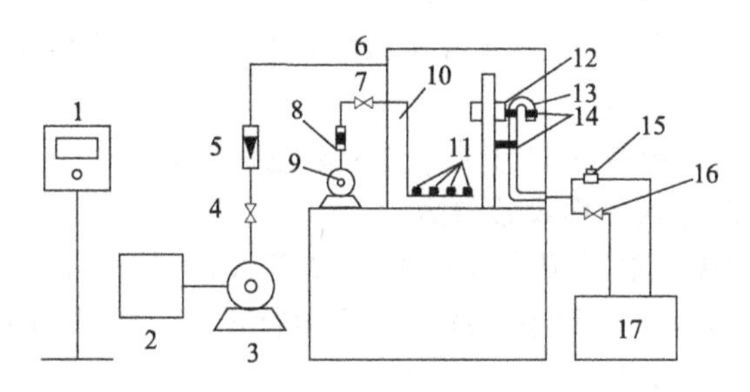

SBR 实验装置视频

图 5-15 SBR 实验装置

1—自动控制系统；2—进水箱；3—提升泵；4—水量控制阀；5—转子流量计；6—进水口；7—止回阀；8—流量计；9—气泵；10—曝气管；11—细化器；12—浮筒滗水器；13—排水管；14—固定夹；15—电磁阀；16—手动阀；17—清水箱

SBR 装置由进水系统、反应器主体、曝气系统、排水系统及自动控制系统组成。进水系统包括进水箱、电动隔膜提升泵，与转子流量计配合，为反应器提供进水并实现流量控制和计量。反应器主体是实现 SBR 5 个运行程序的场所，配有穿孔曝气装置给反应器提供溶解氧。曝气系统包括空气泵，通过管道与反应器中的细化器相连，为反应器提供空气，配有转子流量计，控制进气流量；连接空气泵的气体管路上配置止回阀。排水系统包括与反应器中滗水器相连的排水管和清水箱：在反应器外排水管分出两个排水口，一个排水口与电磁阀相连，用于 SBR 自动运行中排水阶段的出水控制，另一个排水口与手动阀门相连，可用于反应器运行过程中手动采样的出水控制。自动控制系统为 5 寸触摸屏，设有自动和手动两种运行模式；自动模式内置 4 套标准控制程序和 1 套自定义程序，实现进水、曝气、沉淀、滗水的全自动控制，可保存或导出 3 年内全部实验数据与曲线；手动模式下，通过水泵、曝气泵、电磁阀的开关按钮，可手动控制动力设备的开关。

(2) 实验材料与仪器

① 测定 COD_{Cr}、氨氮、亚硝酸盐、硝酸盐和总磷的相关试剂和玻璃器皿，HACH 消解仪和 COD 测定仪；紫外-可见分光光度计；测定溶解氧浓度的溶解氧仪；测定 MLSS、SVI 的相关材料和玻璃器皿。

② 实验用生活污水或模拟生活污水的准备。可取污水处理厂进水，也可在实验室自配模拟废水，可参考表 5-29 进行配制。

表 5-29 生活污水指标

指标	COD_{Cr} /(mg/L)	BOD_5 /(mg/L)	SS /(mg/L)	氨氮 /(mg/L)	总氮(TN) /(mg/L)	粪大肠杆菌 /(个/L)	pH	总磷(TP) /(mg/L)
浓度	350	170	160	40	52	1000000	6～9	4

③ 活性污泥的准备。取污水处理厂二沉池回流污泥，在实验室采用生活污水或模拟废水进行培养，混合液污泥浓度为2000～3000mg/L，处理周期可控制在4～8h，当COD_{Cr}去除率达到85%以上时，表明污泥驯化培养完成，可以进行实验。

5.6.1.4 实验步骤

① 检查设备系统外况和全部电气连接线有无异常，如管道设备有无破损、电源电缆有无损坏；检查阀门状态，保证管道通畅，无封闭管道。

② 准备好足够的实验用废水，放入进水箱。

③ 将好氧活性污泥倒入SBR中，或者实验前在SBR反应器中培养活性污泥，反应器中MLSS控制在2000～3000mg/L。

④ 插上电源插头，打开电控箱总开关，合上触电保护开关。

⑤ 打开自动控制系统进入界面设置参数。

a. 选择自动模式，根据配制模拟废水COD_{Cr}浓度选择“超高浓度”“高浓度”“中浓度”“低浓度”程序或选择“自定义”程序。选择相应运行模式，模式对应的指示灯点亮。下面以“自定义”程序为例介绍参数设置。

b. 在进入“自定义”程序设置参数前，先设置循环次数，输入“1”，若循环次数为“0”，系统不运行。轻触“自定义”键，进入“自定义时间设置”，设置5个运行阶段的时间。

c. 根据进水体积和进水流量计算进水时间，若计算得20min，在进水阶段输入“20”。若进水后需要较长厌氧时间，可根据需要设定。

d. 曝气时间根据配制废水可生化性和COD浓度或脱氮除磷要求设定为240～480min。在反应阶段输入所选择的数值。

e. 沉淀时间设定为20～60min，在沉淀阶段输入所选择的数值。

f. 滗水时间视需要的排水体积而定，排水体积一般不要超过原来反应器内水体积的1/2，可以在反应器放入活性污泥之前测定一下滗水所需要的时间，建议滗水时间设定为3～5min。在排水阶段输入所选择的数值。

g. 闲置时间设定为20～30min，在闲置阶段输入所选择的数值。

h. 时间参数设置完成，按“确定”键，返回SBR自动控制界面，按“启动”键，系统按照设置参数自动运行。

⑥ 开展实验。

a. 实验设备进入自动运行状态后，按照程序首先自动进水，进水完成进入曝气阶段，然后进入沉淀阶段，自动进入排水阶段，最后进入闲置阶段，一个循环运行结束。注意：在曝气阶段通过流量计调节曝气量，处理有机废水时，控制反应器溶解氧浓度为2mg/L左右，脱氮除磷时控制溶解氧浓度为3～4mg/L。

b. 实验过程中，可根据处理废水的对象设计取样个数或频次和测定指标。处理对象为生活污水，可以在每个阶段结束通过手动排水阀取样测COD浓度、氨氮、亚硝酸盐、硝酸盐、总磷浓度，计算各指标去除率，考察SBR脱氮除磷性能。

c. 可重点考察曝气阶段曝气时间对COD和氨氮去除率的影响：在整个曝气时间内，间隔相同时间取样测 COD 和氨氮浓度，连续取 5 个样，计算 COD 和氨氮去除率，确定合适的曝气时间。

d. 在曝气阶段，污泥混合均匀的情况下，取污泥混合液测定污泥指标 MLSS、MLVSS、SVI。

e. 实验结束，关闭控制箱主电源，拔掉电源插头。

操作视频扫描 SBR 实验操作步骤视频二维码获取。

SBR 实验操作步骤视频

5.6.1.5 注意事项

① 设备长期不使用，应放空实验装置。

② 严禁私自更改设备电路及控制系统控制程序，如有需要，请咨询厂家，在厂家指导下进行操作。

③ 实验开始前，可先打开手动排水阀，检查排水管是否堵塞，若堵塞，在反应器排空状态下，将排水管拆下清洗疏通。

④ 由于气泵位置低于反应器中液位，一定要在曝气管路上正确安装止回阀，防止反应器中水倒流入气泵，损坏设备。

⑤ 滗水器应定期检查，避免污泥进入滗水器内部。定期检查电磁阀的可操作性，损坏时及时更换。

5.6.1.6 实验数据记录与处理

(1) 实验结果记录

SBR 处理效果实验结果记录见表 5-30，曝气时间对曝气阶段处理效果影响实验结果记录见表 5-31，污泥指标测定结果记录见表 5-32。

表 5-30 SBR 处理效果实验结果记录

水温________℃，pH________

阶段	初始浓度/(mg/L)					出水浓度/(mg/L)				
	COD_{Cr}	氨氮	硝态氮	亚硝态氮	总磷	COD_{Cr}	氨氮	硝态氮	亚硝态氮	总磷
进水										
曝气										
沉淀										
排水										
闲置										

表 5-31 曝气时间对曝气阶段处理效果影响实验结果记录

水温________℃，pH________，溶解氧浓度________mg/L

曝气时间/h	初始浓度/(mg/L)				出水浓度/(mg/L)				去除率/%	
	COD_{Cr}	氨氮	硝态氮	亚硝态氮	COD_{Cr}	氨氮	硝态氮	亚硝态氮	COD_{Cr}	氨氮
1										
2										
3										
4										
5										
6										

表 5-32 污泥指标测定结果记录

混合液污泥体积/L	沉降 30min 污泥体积/mL	坩埚质量/mg	坩埚+污泥质量(105℃烘干)/mg	坩埚+残渣质量(马弗炉灼烧)/mg	污泥质量/mg	残渣质量/mg

(2) 指标计算

① COD_{Cr}、氨氮去除率。

COD_{Cr} 去除率=(初始 COD_{Cr} 浓度-出水 COD_{Cr} 浓度)/初始 COD_{Cr} 浓度×100%。

氨氮去除率=(初始氨氮浓度-出水氨氮浓度)/初始氨氮浓度×100%。

② MLSS。

MLSS=污泥质量/混合液污泥体积。

③ MLVSS。

MLVSS=(灼烧前污泥质量-灼烧后残渣质量)/混合液污泥体积。

④ SVI。

SVI=沉降 30min 污泥体积/污泥质量。

(3) 绘制实验曲线及实验结果分析讨论

① SBR 处理效果。以各阶段为横坐标、以初始和出水 COD_{Cr}、氨氮、硝态氮、亚硝态氮、总磷浓度为纵坐标作柱状图，对实验结果进行分析讨论，结合理论知识和污泥指标重点讨论各阶段对各污染物去除的深层次原因。

② 曝气时间对曝气阶段处理效果影响。以曝气时间 t 为横坐标、COD_{Cr} 去除率及出水 COD_{Cr} 浓度为纵坐标，绘制 t-COD_{Cr} 去除率曲线图及 t-出水 COD_{Cr} 浓度曲线图；以曝气时间 t 为横坐标、氨氮去除率及出水氨氮浓度为纵坐标，绘制 t-氨氮去除率曲线图及 t-出水氨氮浓度曲线图；以曝气时间 t 为横坐标、出水硝态氮和亚硝态氮浓度为纵坐标，绘制 t-出水硝态氮和亚硝态氮浓度曲线图。确定合适的曝气时间，分析讨论曝气时间对 SBR 曝气阶段处理效果的影响，并结合污泥指标综合分析讨论反应器运行情况。

5.6.1.7 思考题

① SBR 处理生活污水过程各阶段的作用是什么？处理有机废水过程各阶段的作用是什么？

② SBR 脱氮过程，曝气阶段溶解氧浓度应控制在多少？与处理有机物相比，溶解氧控制有什么不同？解释不同的原因。

③ 曝气管路上安装止回阀的作用是什么？止回阀若安装反了会出现什么问题？

5.6.2 氧化沟（卡鲁塞尔式）实验

5.6.2.1 实验目的

① 了解氧化沟处理生活污水实验装置的流程、单元组成，能够正确操氧化沟装置；

② 针对氧化沟处理废水影响因素，能够独立选取实验参数，并对反映处理效果的指标进行正确测定；

③ 能够利用生活污水脱氮除磷相关理论知识分析并解决氧化沟实验过程中出现的问题；

④ 应用作图软件对实验结果进行处理，利用理论知识进行分析讨论，针对实验异常现象分析原因。

5.6.2.2 实验原理

(1) 设备原理

氧化沟是活性污泥法的一种变型，本质上属于延时曝气系统。内部由多沟串联，沟渠通常呈圆形和椭圆形等形状。曝气转刷跟进水位于同一侧，水气向同一方向运行，使污水和活性污泥在曝气渠道中不断循环运动，在靠近曝气区下游形成好氧区，由近向远处，溶解氧浓度逐渐降低，形成缺氧区和厌氧区，从而能够形成生物脱氮的环境条件。

(2) 氧化沟处理有机废水原理

氧化沟在处理有机废水时，将水解酸化和好氧生物降解在一个反应器中实现。在缺氧、厌氧区微生物作用下，废水中的大分子物质转化为短链的脂肪酸，小分子有机酸在好氧区微生物的作用下，矿化为二氧化碳和水。

(3) 氧化沟脱氮除磷原理

生活污水脱氮过程在氧化沟缺氧区发生的生化反应是亚硝态氮和硝态氮转化为氧化亚氮，再进一步转化为氮气，涉及的菌群是反硝化菌群，为氧的耐受型微生物，营养类型是化能异养型，需要有机碳作为碳源和供氢供电体。在好氧区发生的生化反应是氨氮转化为硝态氮和亚硝态氮，涉及的菌群是亚硝酸细菌群和硝酸细菌群，属于严格好氧的微生物，营养类型为化能自养型，生长缓慢；该阶段若存在大量有机物会导致化能异养菌大量繁殖，消耗溶解氧，使溶解氧浓度降低，亚硝酸细菌和硝酸细菌没有足够的溶解氧，生长代谢会受到抑制，因此溶解氧浓度必须控制在 3～4mg/L 以上。

在生活污水除磷过程中，涉及聚磷菌以及产酸菌。聚磷菌细胞内有两类特殊的颗粒物——PHB 颗粒和异染颗粒。在氧化沟厌氧区，聚磷菌释磷、不繁殖，储存好氧条件下的能源物质 PHB 颗粒；在好氧区利用 PHB 颗粒作为能源物质逆浓度梯度吸磷，同时菌体大量繁殖，通过排泥将磷去除。污水中往往含有复杂有机物，聚磷菌并不能直接利用，需要由产酸菌将这些复杂有机物降解为短链脂肪酸为聚磷菌提供底物。

5.6.2.3 实验装置、材料与仪器

(1) 实验装置

氧化沟实验装置见图 5-16。设备技术指标及参数：处理能力为 10L/h；反应池尺寸为 300mm×300mm×600mm；电源为 220V、功率为 100W；装置总尺寸最大直径为 600mm，高 600mm；有效停留时间＞4h；污泥负荷为 0.2～0.4kg/(kg · d)；标准进水速度为 16.67L/h。实验装置的组成和规格：带刻度一体成型配水箱 1 只、水泵 1 台、流量计 1 只、氧化沟 1 个、曝气装置 1 套、电控装置（电控箱、漏电保护开关、按钮开关）1 套、工艺过程自动控制系统（5 寸高级触摸屏，内置 4 套标准控制程序、1 套自定义程序，全自动控制，能实现无人值守；可保存或导出 3 年内全部实验数据与曲线）、自动取样装置 1 套、连接管道和球阀、带移动轮子 316L 不锈钢台架。

本实验采用卡鲁塞尔式氧化沟装置，由进水系统、反应器主体、曝气系统、排水系统及自动控制系统组成。进水系统包括提升箱、电动隔膜提升泵，与转子流量计配合，为反应器提供进水并实现流量控制和计量。反应器主体是实现废水处理的场所，内设深沟，配有穿孔曝气装置给反应器提供溶解氧，曝气装置对废水形成推流作用，使其在沟内运动，在离曝气

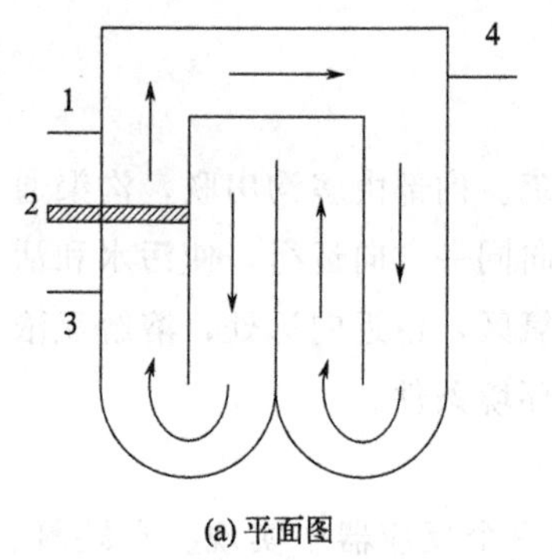

(a) 平面图

1—进水口；2—曝气刷；3—出水口；4—排泥口

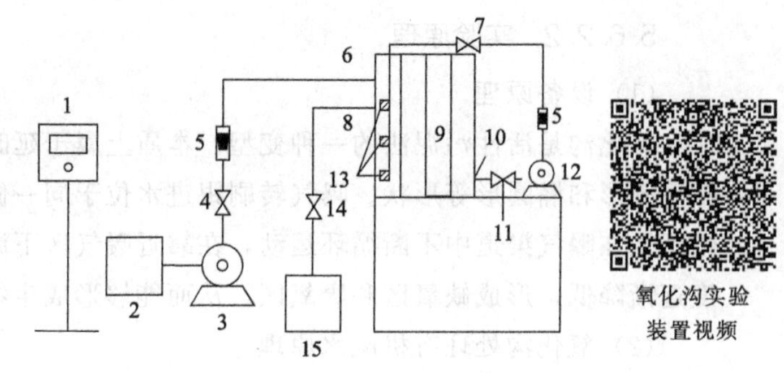

(b) 正视图

1—自动控制系统；2—进水箱；3—提升泵；4—水量控制阀；5—转子流量计；6—进水口；7—止回阀；8—出水口；9—氧化沟；10—排泥口；11—排泥阀；12—气泵；13—曝气刷；14—阀门；15—储水箱

图 5-16　氧化沟实验装置

氧化沟实验装置视频

装置下游不同距离处形成溶解氧梯度，形成好氧区、缺氧区甚至厌氧区。曝气系统包括空气泵，通过管道与反应器中穿孔曝气管相连，为反应器提供空气，配有转子流量计，控制进气流量；连接空气泵的气体管路上配置止回阀。处理后出水从位于进水口下方的排水口以自流方式排至清水箱。自动控制系统为 5 寸[1]触摸屏，设有自动和手动两种运行模式：自动模式内置 4 套标准控制程序、1 套自定义程序，实现全自动控制，一键式操作，可保存或导出 3 年内全部实验数据与曲线；手动模式下，通过提升水泵、气泵开关按钮，可手动控制动力设备的开关。

（2）实验材料与仪器

① 测定 COD_{Cr}、氨氮、亚硝酸盐、硝酸盐和总磷的相关试剂和玻璃器皿，HACH 消解仪和 COD 测定仪；紫外-可见分光光度计；测定溶解氧浓度的溶解氧仪。

② 实验用生活污水或模拟生活污水的准备。可取污水处理厂进水；也可在实验室自配模拟废水，可参考表 5-29 生活污水指标进行配制。

③ 活性污泥的准备。取污水处理厂二沉池回流污泥，在实验室采用生活污水或模拟有机废水进行培养，混合液污泥浓度为 2000～3000mg/L，处理周期可控制在 4～8h，当 COD_{Cr} 去除率达到 85％以上时，表明污泥驯化培养完成，可以进行实验。

5.6.2.4　实验步骤

① 检查设备系统外况和全部电气连接线有无异常，如管道设备有无破损、电源电缆有无损坏；检查阀门状态，保证管道通畅，无封闭管道。

② 准备好足够的实验用废水，放入进水箱。

③ 将好氧活性污泥倒入氧化沟中，或者实验前在氧化沟中培养活性污泥，反应器中 MLSS 控制在 2000～3000mg/L。

④ 插上电源插头，打开电控箱总开关，合上触电保护开关。

⑤ 先利用手动操作模式打开气泵开关，通过流量计调节曝气量，控制好氧区溶解氧浓度为 3～4mg/L。

⑥ 打开自动控制系统进入界面设置参数。

a. 选择自动模式，根据配制模拟废水 COD_{Cr} 浓度选择“超高浓度”“高浓度”“中浓度”“低浓度”程序或选择“自定义”程序。

---

[1] 1 寸（in）＝25.4mm。

b. 在界面运行时间一栏，根据配制废水可生化性和 COD 浓度或脱氮除磷要求设定为 240～480min，输入数值，按启动键，设备按照程序自动运行。

c. 若采用手动模式，轻触界面右上角处将自动模式换为手动模式，轻触右下角手动自动切换键，进入手动模式界面，依序打开提升泵、气泵的控制键，设定运行时间结束后手动关提升泵和气泵。

⑦ 开展实验。

a. 实验过程中，可考察水力学停留时间对氧化沟处理生活污水效果的影响。在不同水力学停留时间下，在氧化沟好氧、缺氧、厌氧区（通过测 DO 浓度确定）取样测 COD_{Cr}、氨氮、亚硝酸盐、硝酸盐、总磷浓度，间隔相同时间连续取 4～5 个样，计算各指标去除率，考察氧化沟脱氮除磷性能，并确定合适的水力学停留时间。

b. 若进水流速快，无法控制所设置的水力学停留时间，可将出水收集于储水箱，用提升泵重新循环至反应器，直至达到所设置的水力学停留时间。

c. 实验结束，关闭控制箱主电源，拔掉电源插头。

操作视频扫描氧化沟实验操作步骤视频二维码获取。

氧化沟实验操作步骤视频

5.6.2.5 注意事项

① 设备长期不使用，应放空实验装置。

② 严禁私自更改设备电路及控制系统控制程序，如有需要，请咨询厂家，在厂家指导下进行操作。

③ 实验开始前，注意将曝气管气孔调整至气流与进水运行的相同方向。

④ 实验过程中，曝气量不能太大，否则会导致沟内流速过快，甚至造成紊流，导致污泥沉降不及时。须严格控制曝气量。

⑤ 由于气泵位置低于反应器中液位，一定要在曝气管路上正确安装止回阀，防止反应器中水倒流入气泵，损坏设备。

⑥ 设备长时间不用，应每隔一段时间对设备进行检查，运行一下水泵和气泵。

5.6.2.6 实验数据记录与处理

（1）实验结果记录

水力学停留时间对氧化沟处理效果影响实验结果记录见表 5-33。

表 5-33　水力学停留时间对氧化沟处理效果影响实验结果记录

水温____℃，pH ____，溶解氧浓度：好氧区____ mg/L，缺氧区____ mg/L，厌氧区____ mg/L

曝气时间/h	浓度/(mg/L)															去除率/%		
	COD_{Cr}			氨氮			硝态氮			亚硝态氮			总磷			COD_{Cr}	氨氮	总磷
	好氧区	缺氧区	厌氧区	好氧区	缺氧区	厌氧区	好氧区	缺氧区	厌氧区	好氧区	缺氧区	厌氧区	好氧区	缺氧区	厌氧区			
0																		
2																		
4																		
6																		
8																		

（2）指标计算

COD_{Cr} 去除率＝[（进水 COD_{Cr} 浓度－出水 COD_{Cr} 浓度）/进水 COD_{Cr} 浓度]×100％。

氨氮去除率＝[（进水氨氮浓度－出水氨氮浓度）/进水氨氮浓度]×100％。

总磷去除率＝[（进水总磷浓度－出水总磷浓度）/进水总磷浓度]×100％。

（3）绘制实验曲线及实验结果分析讨论

以水力学停留时间 t 为横坐标，好氧区、缺氧区、厌氧区的 COD_{Cr}、氨氮、硝态氮、亚硝态氮、总磷浓度为纵坐标，绘制曲线图，对实验结果进行分析讨论，结合理论知识重点讨论各区对各污染物去除的深层次原因。

以水力学停留时间为横坐标，COD_{Cr}、氨氮和总磷去除率为纵坐标，绘制 t-COD_{Cr} 去除率曲线图、t-氨氮去除率曲线图及 t-总磷去除率曲线图，确定合适的水力学停留时间，分析讨论水力学停留时间对氧化沟处理效果的影响。

5.6.2.7 思考题

① 氧化沟中好氧区、缺氧区、厌氧区溶解氧浓度为多少？氧化沟中为什么会存在溶解氧梯度？

② 氧化沟处理生活污水好氧区、缺氧区和厌氧区的作用是什么？

③ 氧化沟中好氧区、缺氧区和厌氧区的微生物菌群的特点和作用是什么？

5.7 电渗析处理含盐有机废水实验

（1）实验目的

含盐废水处理的关键是盐和有机物分离，提高可生化性，本实验采用电渗析使盐和有机物分离，通过实验达到以下目的：

① 了解电渗析处理含盐有机废水实验装置的流程、单元组成，能够正确操作电渗析实验装置；

② 针对电渗析处理含盐有机废水影响因素，能够独立选取实验参数，并对反映处理效果的指标进行正确测定；

③ 能够利用电渗析和膜相关理论知识分析并解决电渗析处理含盐有机废水实验过程中出现的问题；

④ 应用作图软件对实验结果进行处理，利用理论知识进行分析讨论，针对实验异常现象分析原因。

（2）实验原理

利用离子在直流电场作用下能定向运动的原理，结合交换树脂膜的离子交换功能，设计成由若干个室构成的离子交换设备，可以将溶液中的正、负离子分离出来进入“浓室”，被去除正、负离子的水进入“淡室”，从而达到去除溶液中正、负离子的目的。

改变直流电场的极性，正、负离子在电场中的运动方向也发生改变，从而使“浓室”和“淡室”的位置发生互换。定期改变直流电场的极性，可以除去电极和交换膜表面的积垢，延长电极和交换膜的使用寿命。

（3）实验装置、材料与仪器

① 实验装置。电渗析实验装置见图 5-17，电渗析结构示意简图见图 5-18。

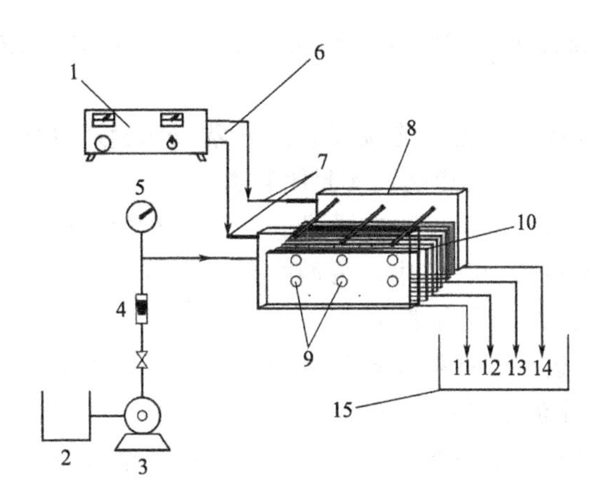

图 5-17 电渗析实验装置

1—隔离型安全直流电源；2—进水箱；3—提升泵；4—流量计；5—压力表；6—直流输出；7—电极；8—电渗析组件；9—吊紧螺栓；10—电渗析膜；11—极水；12—富离子水；13—去离子水；14—极水；15—储水箱

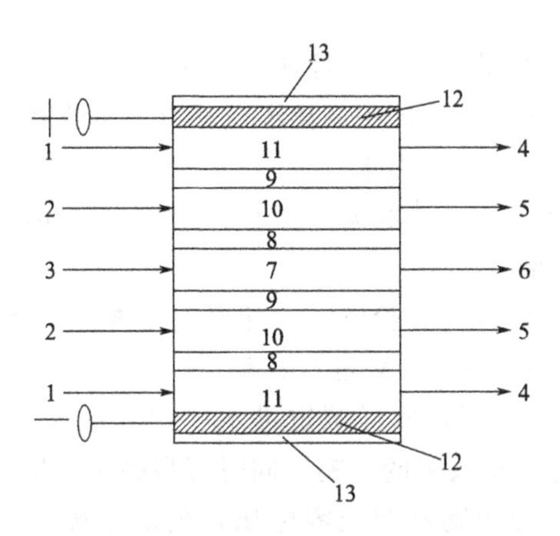

图 5-18 电渗析结构示意简图

1—极液；2—废水；3—自来水；4—极水；5—淡水（去除大部分离子）；6—浓水（离子在这里富集）；7—浓室；8—阳膜；9—阴膜；10—淡室；11—电极室；12—电极；13—夹板

电渗析实验装置由进水系统、直流电源、反应器主体和出水系统组成。进水系统包括进水箱、提升泵，与转子流量计配合，为反应器提供进水并实现流量控制和计量。电渗析器需要进三股水：极液、废水和浓度较低的氯化钠溶液或自来水。进水箱分为三格，分别盛放三股水；极液独立循环运行；进水时，三股水分别被泵入极室、淡化室和浓缩室。在膜组件旁边进水管上，安装有压力表，用于观察进水压力。直流电源采用可调电压、全波整流、电源隔离技术，直流输出可调电压 0～50V，安全可靠。反应器主体包括电极和交换膜组件，是实现废水处理的场所：采用钛电极作为正、负电极；采用 40 对交换膜（一张阳膜和一张阴膜为一对）分 12 段串联，以提高脱盐效率。出水系统包括出水管和储水箱。出水管有三根：一根为极水管（始终不变），其他两根分别为浓水管和淡水管，这两根出水管的出水性质随直流电源的极性改变而改变。

② 材料与仪器。

a. 电导率仪：用于测定进水、“浓室水”和“淡室水”的电导率。

b. 实验所需的玻璃器皿：100mL 烧杯 5 个。

c. 实验模拟废水的配制：配制含 NaCl 2%的甘油废水，COD_{Cr} 浓度为 5000mg/L 左右。

（4）实验步骤

① 检查设备系统外况和全部电气连接线有无异常，如管道设备有无破损、电源电缆有无损坏；检查阀门状态，保证管道通畅，无封闭管道。

② 检查直流电源控制器，将电压调节器调至零位，将电源开关打到“关”状态。

③ 模拟废水导入进水箱其中一格中，另两格加入极液（0.5～5mol/L 硫酸钠溶液，根据浓缩室和淡化室具体情况定）和自来水。

④ 打开提升泵，调节进入电渗析设备各室的进水流量，将实验废水根据设置的实验流量注入电渗析反应器，进水流量可控制在 20～50L/h。

⑤ 打开直流电源控制器，电源指示灯亮，调节调压器至直流电压表上的读数到设定的实验条件（0～50V）。

⑥ 经不同的处理时间后，分别取淡室出水、浓室出水和极室出水测定电导率和 COD_{Cr} 浓度，以确定是否达到实验效果。当淡室电导率降低至 30mS/cm 以下，即可认为达到实验效果。

⑦ 当以上实验达到预定结果后，将极性转换开关拨向另一方向，此时直流电源控制器的输出极性与之前相反，电渗析反应器中的离子迁移方向也随之相反。因此，原来的淡室出水变为浓室出水，浓室出水变为淡室出水。

⑧ 再经不同的处理时间后，分别取淡室出水、浓室出水和极室出水测定电导率，以确定倒极后是否能达到实验效果。

⑨ 设计不同供给电渗析设备的实验电压。开启整流电源，从小到大分次调节输出电压为电渗析设备供电，可选择 5.6～11.2V 进行实验。

⑩ 在每一个实验电压条件下，取样测定进水、“浓室水”和“淡室水”的电导率和 COD_{Cr} 浓度，考察电压对电渗析效果的影响，同时观察膜污染情况，记录实验数据。

⑪ 实验结束，将直流电源控制器调至零电压，关闭电源开关。排空进水箱中的废水，换成自来水，开启水泵，用自来水清洗电渗析反应器，待下次实验备用。

（5）注意事项

① 设备长期不使用，应放空实验装置。

② 电渗析反应器不使用时，一定要每周用自来水进水一次，每次通自来水半小时，以防止交换膜脱水而影响处理效果甚至报废。

③ 实验过程，工作电压不要太高，否则易造成膜污染。

（6）实验数据记录与处理

① 实验结果记录。电压为 5.6V 时电渗析实验结果记录见表 5-34，电压为 11.2V 时电渗析实验结果记录见表 5-35。

② 绘制实验曲线及实验结果分析讨论。不同电压下，以时间 t 为横坐标，淡室和浓室电压、电流、水位、电导率、COD_{Cr} 浓度为纵坐标，绘制不同工作电压下淡室和浓室 t-电压、电流、水位、电导率、COD_{Cr} 浓度曲线图，并对结果进行分析和讨论，重点分析讨论废水中盐和有机物分离情况，并分析不同工作电压下膜污染情况。

（7）思考题

① 为什么当电极的极性改变后，“淡水”与“浓水”的出水位置会发生互换？

② 为什么要有极水？

表 5-34 电压为 5.6V 时电渗析实验结果记录

时间 t /min	电压/V		电流/A		水位/mL		电导率/(mS/cm)		COD_{Cr} 浓度/(mg/L)	
	淡室	浓室	淡室	浓室	淡室	浓室	淡室	浓室	淡室	浓室
0										
15										
30										
45										
75										
105										
135										
165										

表 5-35 电压为 11.2V 时电渗析实验结果记录

时间 t /min	电压/V		电流/A		水位/mL		电导率/(mS/cm)		COD_{Cr} 浓度/(mg/L)	
	淡室	浓室	淡室	浓室	淡室	浓室	淡室	浓室	淡室	浓室
0										
15										
30										
45										
75										
105										
135										
165										

③ 随时间的增加，为什么淡室中 COD_{Cr} 浓度呈现先降低后增加的趋势？

④ 试分析电渗析如何实现废水中盐和有机物的分离。

5.8 污水处理组合工艺演示实验

(1) 实验目的

本实验通过模拟城市污水处理的活性污泥工艺的完整流程，达到以下目的：

① 了解城市污水处理中常用活性污泥工艺的流程，能够正确操作各处理单元；

② 了解工程上城市污水处理的活性污泥工艺设计参数，能够正确选择各单元操作参数；

③ 能够利用污水生化处理相关的理论知识分析并解决实验过程中出现的问题；

④ 能够对实验结果进行正确处理并利用理论知识进行分析讨论，针对实验异常现象分析原因。

(2) 实验原理

活性污泥法处理城市污水的典型流程见图 5-19，主要包括格栅、沉砂池、沉淀池、生化池、二沉池、污泥回流系统等。处理技术单元的排列顺序原则是先易后难，易于去除的悬浮物的处理构筑物如沉砂池、沉淀池等排列于前，而以去除溶解性有机物为目的生物处理构筑物则排列其后，消毒去除病原菌的构筑物则排列在二沉池之后。同时考虑脱氮除磷采用A^2O工艺，生化池由厌氧池、缺氧池、好氧池三部分组成。

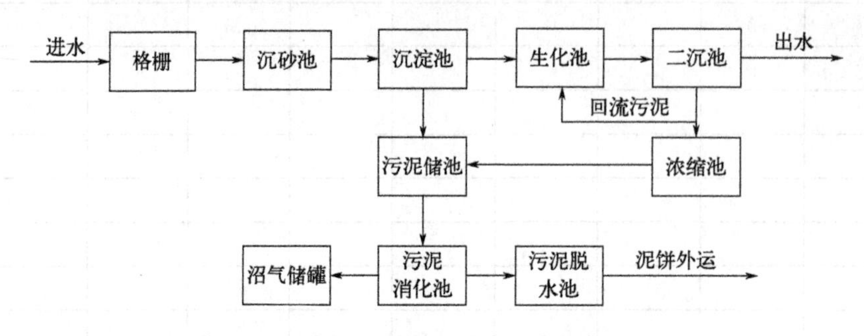

图 5-19 活性污泥法处理城市污水的典型流程

活性污泥法的净化功能中，起主要作用的是活性污泥，活性污泥性能的优劣对活性污泥系统的净化功能有决定性的作用。活性污泥是由大量微生物凝聚而成的，具有很大的表面积，性能优良的活性污泥应具有很强的吸附性能和氧化分解有机污染物的能力，并具有良好的沉降性能。经曝气阶段后泥水混合液流入二沉池沉淀，沉淀后部分活性污泥回流至曝气池，多余污泥排放。

整套装置为连续运行的实验装置，需要定时测定运行参数和处理效果。根据废水的性质和期望达到的出水水质选择考核的水质项目，从而确定实验配套设备及仪器。一般情况下废水考核的水质项目应有 pH、COD_{Cr}、BOD、SS 和色度等，应保证模型的进水 pH 值在6.5～8.5 范围内。

主要技术指标及参数有以下几方面。

① 环境温度：5～40℃。

② 处理水量：10～15L/h。

③ 设计进、出水水质：进水 BOD_5 150～300mg/L，出水 15～20mg/L；进水 COD 300～600mg/L，出水 30～50mg/L；进水 SS 80～160mg/L，出水 8～16mg/L；进水 pH 6～9，出水 6～9。

④ 污泥负荷 0.10～0.25kg/(kg·d)，污泥回流比 50%～200%，MLSS 3000～5000mg/L。

(3) 实验装置与设备

① 实验装置。城市生活污水处理模拟实验装置见图 5-20。所有的构筑物均由有机玻璃制作，方便观察整个系统的工艺流程。连续运行的实验装置，主要采用污水处理中的生物处理与物化处理相结合的处理工艺。

② 主要处理单元：

a. 机械格栅 1 套；

b. 曝气沉砂池 1 套；

c. 平流式沉淀池 1 套；

d. 厌氧池 1 套；

e. 缺氧池 1 套；

f. 好氧池 1 套；

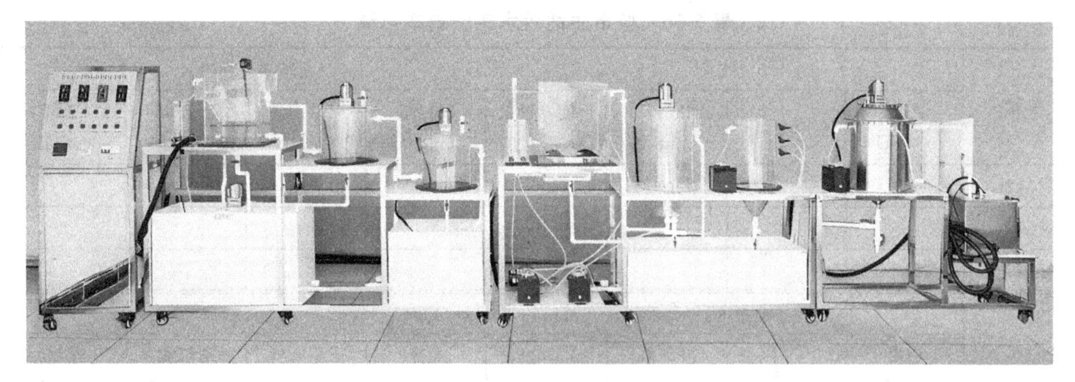

图 5-20 城市生活污水处理模拟实验装置

g. 辐流式沉淀池 1 套；

h. 角锥污泥浓缩池 1 套；

i. 304 不锈钢污泥消化罐 1 套；

j. 304 不锈钢板框式压滤机 1 套。

(4) 实验步骤

① 将原水箱注入实验用水，以满足实验需求。

② 检查气、水管路是否畅通，阀门管件是否有损坏、漏水等现象，如有异常要及时解决。

③ 配电箱接通电源，打开电源开关，检查配电箱电路是否正常，看电源指示灯是否正常。

④ 打开电源开关，观察温度仪表读数是否正常；开启加热器前，需保证加热水箱水位高于加热器，防止加热器在无水的状态下空热而损坏。手动旋转搅拌电机调速器，观察搅拌电机是否运转；分别将配电箱面板上泵的旋钮开关打开，检验水泵是否正常运转；通过水面液位变化，检查液位开关能否正常工作。

⑤ 打开电源开关，电源指示灯变亮，电压表显示 220V，表示供电正常。将“原水提升泵”旋钮开关打到“开”的状态进行实验。污水经提升后首先进入细格栅。

⑥ 当运行“A^2O”工艺流程时，将“厌氧池”“缺氧池”“好氧池”“竖流沉淀池”的进水、出水开关打开，各提升泵打开。关闭时，点击“ESC”，出现“停止”“设置参数”“设置”“程序”名称，当箭头指向停止按钮时，点击“OK”，出现提示，选择“是”或“否”，如果选择“是”即停止运行。

⑦ 取各池水样测浊度、pH、溶解氧、COD_{Cr} 浓度、氨氮浓度、亚硝态氮浓度、硝态氮浓度、总磷浓度的数值，并记录。

(5) 注意事项

① 在实验准备过程中，污泥经培养驯化，浓度达到 3000～4000mg/L；

② 实验时需了解系统已运行的时间及目前的运行参数；

③ 实验时需考虑系统长期稳定运行的控制，不能随意调节其负荷、曝气量等；

④ 格栅与沉砂池去除的杂质和砂要及时清理。

(6) 实验数据记录与处理

① 实验结果记录。城市生活污水实验结果记录见表 5-36。

表 5-36 城市生活污水实验结果记录

单元	进口							
	浊度 /NTU	pH	溶解氧 /(mg/L)	COD_{Cr} /(mg/L)	氨氮 /(mg/L)	亚硝态氮 /(mg/L)	硝态氮 /(mg/L)	总磷 /(mg/L)
厌氧池								
缺氧池								
好氧池								
单元	出口							
	浊度 /NTU	pH	溶解氧 /(mg/L)	COD_{Cr} /(mg/L)	氨氮 /(mg/L)	亚硝态氮 /(mg/L)	硝态氮 /(mg/L)	总磷 /(mg/L)
厌氧池								
缺氧池								
好氧池								

② 实验结果分析与讨论。根据表 5-36 数据，结合相关理论知识进行综合分析讨论。

(7) 思考题

① 考虑到该工艺脱氮除磷，其运行控制参数如何控制？

② 根据工艺流程说明脱氮过程在哪些单元实现，除磷过程在哪些单元实现，COD_{Cr} 去除在哪些单元实现。

6
固体废物处理与处置实验

6.1 垃圾焚烧半实物仿真实验

焚烧法是目前世界上最简单的垃圾处理方法之一。垃圾焚烧技术能最大限度地实现城市生活垃圾的减容减量化、资源化、无害化，而且能充分利用垃圾焚烧时产生的热能发电，做到可再生能源的回收利用。垃圾焚烧技术由于可以有效降低垃圾的体积、回收能源，将成为我国垃圾资源化和减容处理技术的重要研究和发展方向。但垃圾焚烧在实验室中较难实现，采用仿真实验可提高学生的参与度，强化教学效果，在认识实习、生产实习阶段学生可以对垃圾焚烧处理厂具备全面认识，但学生无法操作实际设备。本实验将实验装置实物与仿真结合，既可解决垃圾焚烧实验在实验室难以实现的问题，同时又可使学生对装置进行实际操作，提高学生动手能力以及分析解决实验中出现的问题的能力。

(1) 实验目的

① 了解垃圾焚烧实验装置的流程、单元组成，能够结合仿真软件正确操作垃圾焚烧装置。

② 针对垃圾焚烧影响因素，能够独立选取实验参数，并正确选取垃圾焚烧效率的指标进行表征；通过半实物仿真软件分别探究出口 CO 浓度、NO_x 浓度与焚烧温度、过量空气系数之间的相关关系，并分析原因。

③ 能够利用垃圾焚烧理论知识分析并解决实验过程中出现的问题。

④ 应用作图软件对实验结果进行处理，利用理论知识进行分析讨论，针对实验异常现象分析原因，得出有效结论。

(2) 实验原理

在理想状态下，生活垃圾进入焚烧炉后，依次经过干燥、热分解和燃烧三个阶段，其中的有机可燃物在高温条件下完全燃烧，生成二氧化碳气体，并释放热量。但是，在实际的燃烧过程中，焚烧炉内的操作条件不能达到理想效果，致使燃烧不完全，严重的情况下将会产生大量的黑烟，并且从焚烧炉排出的炉渣中还含有有机可燃物。

生活垃圾焚烧的影响因素包括生活垃圾的性质、停留时间、温度、湍流度、过量空气系数及其他因素。其中停留时间、温度及湍流度称为“3T”要素，是反映焚烧炉性能的主要指标，实验中控制好这些要素可以提高燃烧效率。在生活垃圾焚烧中，灰渣热灼减率的控制是非常重要的。焚烧炉灰渣的热灼减率反映了垃圾的焚烧效果，控制灰渣热灼减率可降低垃圾焚烧的机械未燃烧损失，提高燃烧的热效率，同时减少垃圾残渣量，提高垃圾焚烧后的减容量。灰渣热灼减率可以通过焚烧炉炉排的调节、垃圾的特性及合理配风来控制。

（3）实验装置与仿真软件

实验设施包括垃圾焚烧实验装置1套、垃圾焚烧仿真软件1套。设备主要技术参数及指标：燃烧室工作温度范围为400～2000℃；日处理垃圾量为2t；烟气停留时间为1～6s；加热功率为3kW，控温系统精度为±5℃；热灼减率≤5%；工作电源为220V，具有接地保护、漏电保护、过流保护，功率＜3kW。电气线路安装要求：布置线槽，电源线、控制线等线材规范整齐，具有绝缘、防弧、阻燃、自熄等特点。

垃圾焚烧装置主要由进料系统、焚烧炉、加热系统、供氧系统及数据采集系统组成。进料系统为自动持续均匀进料，包括进料系统启停按钮；加热系统包括一次燃烧室点火启停按钮、一次燃烧室温度控制面板、二次燃烧室点火启停按钮、二次燃烧室温度控制面板；供氧系统包括增氧风机、调节阀、过量空气系数显示面板；数据采集系统用于在线监测、主要包括出口参数显示面板，可以自动监测显示出口物质浓度。实验装置组成和规格见表6-1。垃圾焚烧实验装置见图6-1。

表6-1 实验装置组成和规格

编号	名称	规格/参数	材质/来源
1	焚烧炉炉体	一燃室	长800mm×宽500mm；不锈钢304，耐高温耐火砖
		二燃室	长600mm×宽500mm；不锈钢304，耐高温耐火砖
2	加热系统		不锈钢304
3	电控柜		不锈钢304
4	温控仪		厦门品牌
5	高温温度传感器	耐温2000℃	铂铑合金
6	排烟管道	外径ϕ219mm	不锈钢304
7	鼓风机	1.5kW	南通品牌
8	鼓风管道	外径ϕ48mm	不锈钢304
9	助燃燃烧机	功率0.11kW	意大利品牌
10	再燃燃烧机	功率0.11kW	意大利品牌

（4）实验步骤

① 首先检查设备系统外况和全部电气连接线有无异常（如管道设备有无破损，阀门连接是否密封等），一切正常后开始操作。

② 打开控制面板上的总电源开关，电源显示灯亮，表示有电、正常。

③ 打开进一次燃烧室风量阀门，打开进二次燃烧室风量阀门，启动增氧风机，调节出口阀门开度至实验所需过量空气系数。

④ 打开一次燃烧电源开关，燃烧器内部风机开始运行，燃烧器自动点火。此时温控仪显示数值，最上

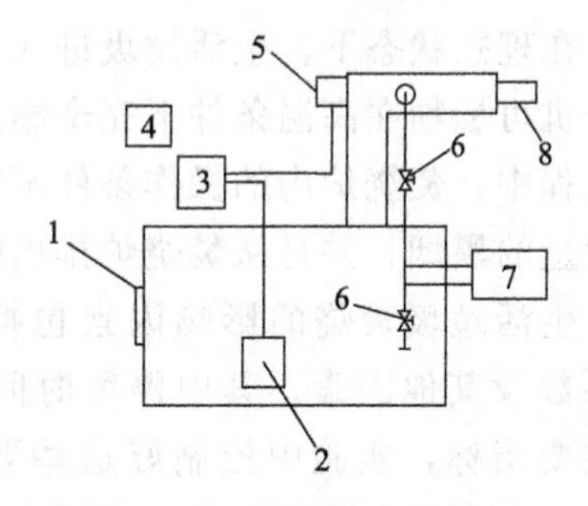

图6-1 垃圾焚烧实验装置

1—炉门；2—一次燃烧器；3—加热系统；4—配电箱；5—二次燃烧器；6—风量阀门；7—增氧风机；8—烟囱

面一行显示温度，第二行显示设定值。设定值可以按住面板最下面一行上的“▲”来增大数值，按“▼”来减小数值。当炉内温度低于设定值时，燃烧器开启；高于设定值时，燃烧器关闭。

⑤ 打开二次燃烧电源开关，操作方法同步骤④。

⑥ 利用仿真软件完成进料、燃料添加操作，设定焚烧温度、停留时间等参数，启动自动加料，实验装置运行。

⑦ 利用仿真软件分析焚烧残渣经 110℃ 干燥 2h 后在室温下的质量（g）及焚烧残渣经 600℃（±25℃）灼热 3h 后冷却至室温的质量（g），计算灰渣热灼减率；测定烟气中 CO、NO_x、SO_2、HCl、重金属（Hg、Cd、Pd）、颗粒物（PM）、二噁英浓度。

⑧ 在拟定垃圾组分不变、进料速度恒定的条件下，固定焚烧温度（一次燃烧室 850℃、二次燃烧室 850℃），分别调节不同过量空气系数（0.6、0.9、1.2、1.5、1.8），重复步骤②～⑦，测不同过量空气系数下的数据，考察过量空气系数和混合度对焚烧效果的影响。过量空气系数调节：启动增氧风机，调节出口阀门开度。

⑨ 在拟定垃圾组分不变、进料速度恒定的条件下，固定焚烧温度（一次燃烧室 850℃、二次燃烧室 850℃），利用仿真软件改变停留时间（可分别设为 1、3、5、7、9s），重复步骤②～⑦，测不同停留时间下的数据，考察停留时间对焚烧效果的影响。

⑩ 在拟定垃圾组分不变、进料速度恒定的条件下，固定过量空气系数（1.5）、二次燃烧室温度（900℃），利用仿真软件分别设定一次燃烧室不同温度（600、800、1000、1200、1400℃），重复步骤②～⑦，测不同焚烧温度下的数据，考察焚烧温度对焚烧效果的影响。

⑪ 利用仿真软件完成对灰分成分的分析。

⑫ 利用仿真软件完成尾气处理工艺流程的搭建及模拟。

⑬ 实验结束，首先关闭自动加料装置，然后依次关闭一次和二次燃烧室电源、增氧风机，关闭计算机和总电源，最后关闭各管道阀门。

半实物仿真实验操作视频扫描垃圾焚烧半实物仿真实验操作步骤视频二维码获取。

垃圾焚烧半实物仿真实验操作步骤视频

（5）注意事项

① 实验过程中，注意用电安全，不允许随便拔、插设备电源及连线。

② 实验室注意防火，严禁实验室有明火的使用；一旦发生火灾，立即用灭火器灭火。

③ 实验室应保持通风干燥；平时经常检查设备和计算机，有异常情况及时处理，严禁在计算机中随意安装、卸载软件。

④ 应逐步升温，防止升温过快，加大电源负荷。

⑤ 燃烧器点火受空气进风量影响很大，过大或者过小都可能点火不成功。

（6）实验数据记录与处理

① 实验结果记录。过量空气系数对焚烧效果影响的实验结果记录见表 6-2，停留时间对焚烧效果影响的实验结果记录见表 6-3，焚烧温度对焚烧效果影响的实验结果记录见表 6-4。

表 6-2 过量空气系数对焚烧效果影响的实验结果记录

测定次数	过量空气系数	燃烧室温度/℃		灰渣热灼减率/%	燃烧效率/%	尾气中污染物浓度(PM 单位为 μg/m³，其他污染物单位均为 mg/m³)								
		一次	二次			CO	NO_x	SO_2	HCl	Hg	Cd	Pd	PM	二噁英
1	0.6	850	850											
2	0.9	850	850											
3	1.2	850	850											
4	1.5	850	850											
5	1.8	850	850											

表 6-3 停留时间对焚烧效果影响的实验结果记录

测定次数	停留时间/s	燃烧室温度/℃		灰渣热灼减率/%	燃烧效率/%	尾气中污染物浓度(PM 单位为 μg/m³，其他污染物单位均为 mg/m³)								
		一次	二次			CO	NO_x	SO_2	HCl	Hg	Cd	Pd	PM	二噁英
1	1	850	850											
2	3	850	850											
3	5	850	850											
4	7	850	850											
5	9	850	850											

表 6-4 焚烧温度对焚烧效果影响的实验结果记录

测定次数	过量空气系数	燃烧室温度/℃		灰渣热灼减率/%	燃烧效率/%	尾气中污染物浓度(PM 单位为 μg/m³，其他污染物单位均为 mg/m³)								
		一次	二次			CO	NO_x	SO_2	HCl	Hg	Cd	Pd	PM	二噁英
1	1.5	600	900											
2	1.5	800	900											
3	1.5	1000	900											
4	1.5	1200	900											
5	1.5	1400	900											

② 指标计算。

a. 燃烧效率 CE。燃烧效率是指烟道排出气体中二氧化碳浓度与二氧化碳和一氧化碳浓度之和的百分比，用以下公式计算：

$$CE = [CO_2] / ([CO_2] + [CO]) \times 100\% \quad (6\text{-}1)$$

式中，$[CO_2]$、$[CO]$ 分别为燃烧后排气中 CO_2 和 CO 的浓度，mg/m^3。

b. 热灼减率 P。热灼减率是指焚烧残渣经灼热减少的质量占原焚烧残渣质量的百分比，其计算方法如下：

$$P = (A - B) / A \times 100\% \quad (6\text{-}2)$$

式中，P 为热灼减率，%；A 为焚烧残渣经 110℃干燥 2h 后在室温下的质量，其中还含有未燃烧的物质，g；

B 为焚烧残渣经 600℃（±25℃）灼热 3h 后冷却至室温的质量，认为是可燃物完全燃烧后的质量，g。

③ 绘制实验曲线及实验结果分析讨论。

a. 过量空气系数对焚烧效果的影响。以过量空气系数为横坐标，以燃烧效率和灰渣热灼减率为纵坐标绘制曲线，并以过量空气系数为横坐标，烟气中 CO、NO_x、SO_2、HCl、重金属（Hg、Cd、Pd）、PM、二噁英浓度作为纵坐标绘制曲线，结合垃圾焚烧理论知识综合分析讨论过量空气系数对垃圾焚烧效果的影响。

b. 停留时间对焚烧效果的影响。以停留时间为横坐标，以燃烧效率和灰渣热灼减率为纵坐标绘制曲线，并以停留时间为横坐标，烟气中 CO、NO_x、SO_2、HCl、重金属（Hg、Cd、Pd）、PM、二噁英浓度作为纵坐标绘制曲线，结合垃圾焚烧理论知识综合分析讨论停留时间对垃圾焚烧效果的影响。

c. 焚烧温度对焚烧效果的影响。以一次燃烧室温度为横坐标，以燃烧效率和灰渣热灼减率为纵坐标绘制曲线，并以一次燃烧室温度为横坐标，烟气中 CO、NO_x、SO_2、HCl、重金属（Hg、Cd、Pd）、PM、二噁英浓度作为纵坐标绘制曲线，结合垃圾焚烧理论知识综合分析讨论焚烧温度对垃圾焚烧效果的影响。

（7）思考题

① 影响生活垃圾焚烧的主要因素有哪些？

② 什么是过量空气系数？

③ 风量过大或过小会对垃圾焚烧效果产生什么影响？

④ 实验过程为什么要逐步升温？

6.2 有机固废好氧堆肥半实物仿真实验

有机固体废物的堆肥化技术是一种最常见的固体废物生物转化技术，是对固体废物进行稳定化、无害化处理的重要方式之一。堆肥不仅可以减小有机固体废物的体积、重量、臭味，杀灭病原菌、虫卵等，同时会产生大量的腐殖质，可以作为土壤调理剂和植物营养源。但在实验室中进行好氧堆肥存在一定的困难。本实验在软件虚拟体验的基础上，与工程设备结合，进行半实物仿真的实验操作和工艺设计体验。除了传统的师生现场互动学习，虚拟操作与半实物体验可以增加实验的丰富性以及学习体验的多样化。

（1）实验目的

① 通过半实物仿真实验了解垃圾堆肥厂运行的实验装置流程、单元组成，能够结合仿真软件正确操作好氧堆肥装置。

② 通过参与好氧堆肥全过程参数检测，了解作为有机废物无害化、资源化处理处置方法之一的好氧堆肥技术的典型过程。

③ 针对好氧堆肥影响因素，能够独立设计实验参数，并正确选取好氧堆肥效果的指标进行表征；通过半实物仿真软件分别研究通气量、含水率、发酵温度等对堆肥实验效果的影响。

④ 能够利用好氧堆肥理论知识分析并解决实验过程中出现的问题。

⑤ 能够应用作图软件对实验结果进行处理，利用理论知识进行分析讨论，针对实验异

常现象分析原因，得出有效结论。

（2）实验原理

好氧堆肥是在氧气充足的条件下，好氧菌对废物进行氧化以及分解的过程。通常，好氧堆肥的堆温较高，一般宜在 55～60℃，所以好氧堆肥也称高温堆肥。高温堆肥可以最大限度地杀灭病原菌，同时对有机质的降解速度快、堆肥所需天数短、臭气发生量少，是堆肥化的首选。

好氧堆肥会受一些控制因素的影响，主要包括水分、温度、pH 值、碳氮比以及通风量等。其中水分是一个重要的物理因素，水分的多少直接影响好氧堆肥反应速度的快慢，影响堆肥的质量，甚至关系到好氧堆肥工艺的成败。而温度是影响微生物活性的关键因素，微生物活性是保证有机固废堆肥化的根本内因。pH 值是显著影响有机固废好氧堆肥进程的另一个重要参数，好氧堆肥最适宜 pH 值是中性或弱酸碱性（6～9）。C/N 也是一个重要的参数，综合考虑促进微生物降解和氮固定，合适的 C/N 为 30∶1。在好氧堆肥实际运行过程中，供风系统的通气量是非常重要的工艺参数，堆肥过程中要注意避免过度通气，这出于下列因素的考虑：①运行能耗；②通风降低堆肥温度；③通风形成水分蒸发。另外，有机固废好氧堆肥过程还受原料理化性质的影响，如底物的颗粒度大小、含盐量和油脂含量（主要针对餐厨垃圾）等。

（3）实验装置与仿真软件

实验设施包括好氧堆肥模拟发酵装置一套、好氧堆肥仿真软件一套。有机固废好氧堆肥发酵实验装置见图 6-2。有机固废好氧堆肥发酵实验装置主要包括发酵罐、水浴加热罐、滤液水箱、曝气泵、发酵控制箱等。发酵罐的本体采用不锈钢，内有 304 不锈钢筛盘承托层，配有 180W 调速电机、调速器、不锈钢搅拌器，用于对有机固废进行均匀搅拌。水浴加热罐内设有不锈钢水浴锅、循环水泵，装置采用保温水套的形式，对其加热保温，使发酵罐内保持一定的反应温度，以利于加快反应速度。渗滤液水箱，设有压力表、气阀、气体流量计等

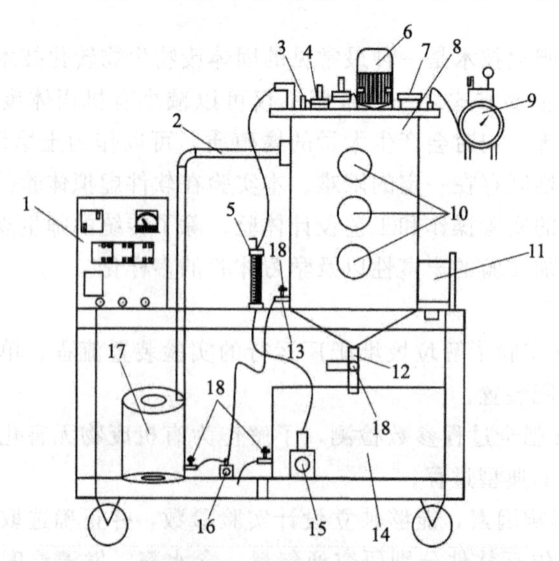

图 6-2　有机固废好氧堆肥发酵实验装置流程图

1—电板箱；2—水浴循环出口管道；3—排气阀；4—温度传感器；5—进水流量计；6—搅拌电机；7—进料口；8—堆肥反应池；9—流量计；10—取样口；11—卸料口；12—渗滤液排放管；13—水浴循环进口；14—水箱；15—提升泵；16—水浴循环水泵；17—恒温水浴罐；18—阀门

配件。设备技术参数：发酵温度范围起始 15～40℃，高温 60～70℃，腐熟 40℃；处理垃圾 50～70L/次；供氧量 0.1～0.2m^3/(m^3 · min)；堆肥原料含水率 50%左右；C/N（20～30）∶1；C/P（72～150）∶1；pH 控制范围起始 5.5～6.0，后续 8.5～9.0；搅拌速度 0～100r/min；最高使用压力 0.1MPa，最高使用温度 60℃；加热功率 1.5kW，控温系统精度±1℃；工作电源 220V，具有接地保护、漏电保护、过流保护，功率<3kW。电气线路安装要求：布置线槽，电源线、控制线等线材规范整齐，具有绝缘、防弧、阻燃、自熄等特点。

（4）实验步骤

① 熟悉好氧堆肥实验装置流程及设备构造，实验开始前首先检查设备有无异常（漏电、漏水等），一切正常后开始操作，开启控制箱电源开关。

② 双击桌面半仿真软件图标，点击“进入系统”，在启动之前可以在软件系统上打开想要了解的实验内容。点击“启动”正式进入系统。

③ 在实物模拟界面先建立相应的文件夹，用于实验数据的存储。

④ 文件夹建好，开启设备上的总电源开关，软件系统电源总控制开关启动，按钮变绿。

⑤ 开启设备搅拌器按钮，调节搅拌器转速为 10r/min。

⑥ 开启软件系统发酵罐 T101 物料入口阀门，开启进料。待罐内物料达到罐体总体积的 80%左右，停止进料。

⑦ 开启设备上提升泵电源开关，调节提升泵出口流量计开度，控制流量计出口流量，待物料含水率达到 65%时，关闭提升泵。

⑧ 在设备控制面板设定水浴温度为 40℃。

⑨ 打开设备水浴罐加热按钮。

⑩ 待水浴温度达到 40℃时，开启设备水浴加热循环泵开关。

⑪ 打开设备曝气泵开关，调节曝气泵出口流量计 V01P301 开度，至流量计 FI301 出口流量为 0.4m^3/h。

⑫ 开启发酵罐 T101 渗滤液出口阀 V03T101。

⑬ 点击软件系统计时按钮，反应进行，每隔 24h 取样一次，记录物料的含水率、温度、pH 及总碳（TC）、TN、C/N、氨氮、硝态氮、速效钾等的含量。记录 16 天堆肥过程中以上变量数值。

⑭ 实验结束，点击停止计时按钮，关闭设备曝气泵开关，关闭曝气泵出口流量计，关闭水浴加热管开关，关闭水浴加热循环泵开关。

⑮ 开启软件发酵罐 T101 卸料，关闭搅拌电机开关，关闭控制箱电源开关。

⑯ 开启水浴加热箱 T401 排空阀 V01T401，开启滤液水箱 T201 排空阀 V01T201。

⑰ 以上实验步骤是以水浴温度 40℃，含水率为 65%，通风量为 0.4m^3/h 时的实验操作步骤为例进行说明。实验通过调整含水率、水浴温度以及通风量三个变量来研究堆肥过程中相应参数的变化。保持其他参数不变，改变其中一个变量（通气量、含水率或者水浴温度）重复以上步骤，测至少经过 16 天堆肥发酵的相应数据，分析该变量在堆肥发酵过程中对 pH、TC、TN、C/N、氨氮、硝态氮、速效钾等含量的影响。

好氧堆肥半实物仿真实验操作步骤视频

半实物仿真实验操作视频扫描好氧堆肥半实物仿真实验操作步骤视频二维码获取。

(5) 注意事项

① 实验过程中，注意用电安全，不允许随便拔、插设备电源及连线。

② 实验室注意防火，严禁实验室有明火的使用；一旦发生火灾，立即用灭火器灭火。

③ 严禁在计算机中随意安装、卸载软件。

(6) 实验数据记录与处理

① 实验结果记录。实验初始参数记录见表 6-5，有机堆肥物料监测参数记录见表 6-6。

表 6-5　实验初始参数记录

物料	含水率/%	有机质含量/%	TC/%	TN/%	C/N	TP/%	C/P
猪粪	72.77	82.55	42.61	3.24	13.16	4.98	8.56
秸秆	5.13	92.42	43.87	0.88	49.69	0.11	398.82
猪粪：秸秆＝1：2	65.00	89.13	43.45	1.67	26.07	1.73	25.07

注：除含水率为湿基外，其余均为干基。

表 6-6　有机堆肥物料监测参数记录

时间/d	物料参数								
	pH	含水率/%	温度/℃	TN/%	TC/%	C/N	硝态氮/(g/kg)	氨氮/(g/kg)	速效钾/(mg/kg)
1									
2									
3									
4									
5									
6									
7									
8									
9									
10									
11									
12									
13									
14									
15									
16									

② 绘制实验曲线及实验结果分析讨论。

a. 水浴温度对堆肥效果的影响。以不同水浴温度下堆肥发酵时间为横坐标，含水率、温度、pH、TC、TN、C/N、氨氮、硝态氮、速效钾等变量作为纵坐标绘制曲线，结合好氧堆肥理论知识综合分析讨论水浴温度对好氧堆肥效果的影响。

b. 含水率对堆肥效果的影响。以不同含水率下堆肥发酵时间为横坐标，含水率、温度、pH、TC、TN、C/N、氨氮、硝态氮、速效钾等变量作为纵坐标绘制曲线，结合好氧堆肥理论知识综合分析讨论含水率对好氧堆肥效果的影响。

c. 通风量对堆肥效果的影响。以不同通风量下堆肥发酵时间为横坐标，含水率、温度、pH、TC、TN、C/N、氨氮、硝态氮、速效钾等变量作为纵坐标绘制曲线，结合好氧堆肥理论知识综合分析讨论通风量对好氧堆肥效果的影响。

（7）思考题

① 好氧堆肥过程可分为哪几个阶段？各阶段的特点是什么？

② 含水率过高或过低对堆肥实验的主要影响有哪些？

③ 升温、降温和高温阶段的堆体温度分别是多少？

④ 好氧堆肥进程中 pH 值的动态变化过程如何？

⑤ 合适的 C/N 一般是多少？过高或过低会有哪些影响？

⑥ 该实验为何要避免过度通气？

6.3 固体废物的破碎、筛选及粒度筛分实验

（1）实验目的

① 了解破碎和筛分设备并能够正确操作这些设备；

② 能够利用相关理论知识分析固体破碎和筛选实验过程中出现的问题；

③ 应用作图软件对实验结果进行处理，利用理论知识进行分析讨论，针对实验异常现象分析原因，得出有效结论。

（2）实验原理

① 破碎和筛选原理。固体废物的破碎是利用外力克服固体废物质点间的内聚力而使大块固体废物分裂成小块的过程。固体废物的磨碎是使小块固体颗粒分裂成细粒的过程。固体废物的筛选是根据产物粒度的不同，利用不同筛孔尺寸的筛子将物料中小于筛孔尺寸的细粒透过筛面，大于筛孔尺寸的粗粒留在筛面上，从而完成粗、细颗粒分离的过程。

② 颚式破碎的原理。颚式破碎机工作原理：皮带轮带动偏心轴转动时，偏心顶点牵动连杆上下运动，随即牵动前后推力板作舒张及收缩运动，从而使动颚时而靠近固定颚、时而离开固定颚。动颚靠近固定颚时对破碎腔内的物料进行压碎、劈碎及折断，破碎后的物料在动颚后退时靠自重从破碎腔内落下。

③ 球磨机原理。球磨机是由水平的筒体、进出料空心轴及磨头等部分组成。筒体为长的圆筒，筒内装有研磨体，筒体为钢板制造，有钢制衬板与筒体固定，研磨体一般为钢制圆球，并按不同直径和一定比例装入筒内。筒内的钢球转动到一定高度时落下，通过钢球对物料的搅击及钢球之间、钢球与护甲之间的碾压，对物料进行研磨。

④ 筛分原理。筛分是利用筛子将物料中小于筛孔的细粒透过筛面，而大于筛孔的粗粒留在筛面上，完成粗、细物料分离。为了使粗、细物料通过筛面而分离，物料和筛面之间必须具有适当的相对运动，使筛面上的物料层处于松散状态，即按颗粒大小分层，形成粗粒位于上层、细粒处于下层的规则排列，细粒到达筛面并透过筛孔。

（3）实验仪器与设备

① 破碎机 1 台；

② 封闭式粉碎机 1 台；

③ 振筛机 1 台；

④ 标准筛，20 目、40 目、60 目、80 目、100 目、120 目、140 目、160 目、180 目及 200 目的筛子各 1 个，并附有筛底和筛盖；

⑤ 鼓风干燥箱 1 台；

⑥ 电子分析天平 1 台；

⑦ 刷子 2 把；

⑧ 贝壳或其他硬质固废。

（4）实验步骤

① 新鲜的贝壳原料，用清水将贝壳内外表面异物去除干净，用浓度 15% 的 Na_2CO_3 溶液浸泡 10min 去除表面油渍，用恒温鼓风干燥箱在 103℃下干燥至恒重，备用。

② 检查设备状况，无异常插上电源。

③ 称取处理好的贝壳 500g 左右，加入颚式破碎机中进行破碎，开启破碎机进行破碎 2～5min。

④ 将破碎后的产物回收，倒入按孔径大小从上到下组合的套筛（附筛底）上。

⑤ 开启振筛机，对样品筛分 15min。

⑥ 筛分后将不同孔径筛子里的颗粒称重并记录数据。

⑦ 将称重后的颗粒混合，倒入封闭式粉碎机进行破碎 2min。

⑧ 将粉碎后的颗粒再次放入振筛机，对样品筛分 15min。

⑨ 分别称取不同筛孔尺寸筛子的筛上产物质量，记录数据。

⑩ 实验结束，关闭设备，拔掉电源。

（5）注意事项

① 由于该实验中实验设备操作不当对人的生命安全危害较大，须严格参照说明书并在老师指导下进行实验。

② 使用前要检查破碎机、球磨机、标准筛是否可以正常运转，待正常运转后方可投加物料。

③ 使用后及时关闭实验设备和电源，保持实验设备整洁、干净。

④ 要合理处置实验后的物料，避免造成再次污染。

（6）实验数据记录与处理

① 实验结果记录。破碎筛分实验结果记录见表 6-7。

表 6-7 破碎筛分实验结果记录

破碎前总量______g，破碎后总量______g

筛孔粒径/mm	筛孔目数/目	破碎前			破碎后		
		筛余量/g	分计筛余百分比/%	累积筛余百分比/%	筛余量/g	分计筛余百分比/%	累积筛余百分比/%
0.9	20						
0.45	40						
0.3	60						
0.2	80						

续表

筛孔粒径/mm	筛孔目数/目	破碎前			破碎后		
		筛余量/g	分计筛余百分比/%	累积筛余百分比/%	筛余量/g	分计筛余百分比/%	累积筛余百分比/%
0.15	100						
0.125	120						
0.105	140						
0.098	160						
0.09	180						
0.074	200						
平均粒径/mm							

分计筛余百分比：各号筛余量与试样总量之比，计算精确至0.1%。累积筛余百分比：各号筛的分计筛余百分比加上该号筛以上各分计筛余百分比之和，精确至0.1%。筛分后，如果每号筛的筛余量与筛底的剩余量之和同原试样质量之差超过1%时，应重新实验。

② 数据处理及分析讨论。

a. 累积分布曲线：筛上累积分布曲线、筛下累积分布曲线。

筛上累积分布曲线：累积残留在筛网上的颗粒质量占全部试料质量的百分比 R（%）：

$$R=\frac{\sum m_i}{m_0}\times 100\% \tag{6-3}$$

式中，$\sum m_i$ 为累积在第 i 层及以上层筛网上的试料总质量，g；m_0 为试料总质量，g。

以筛网孔径代表粒径 d，以 R 对 d 作图，即筛上累积分布曲线。

筛下累积分布曲线：累积通过筛网的试料占试料总质量的百分比 D（%），即 $D=1-R$。以 D 对 d 作图，即筛下累积分布曲线。

b. 平均粒径 d_{pj}：使用分计筛余百分比 p_i 和对应粒径 d_i 计算。

$$d_{pj}=\sum_{i=1}^{n}p_i d_i \tag{6-4}$$

c. 计算真实破碎比。

真实破碎比＝废物破碎前的平均粒度（D_{cp}）/破碎后的平均粒度（d_{cp}）

d. 结合理论知识对实验结果进行分析讨论。

(7) 思考题

① 对固体废物进行破碎和筛分的目的是什么？

② 破碎机有哪些？各有什么特点？

③ 影响筛分的因素有哪些？

6.4 固体废物资源化实验

6.4.1 废弃贝壳制备饲用柠檬酸钙实验

我国有漫长的海岸线，贝壳类水产养殖有一定规模，贝壳水产加工中贝壳多被废弃，这不但给环境造成压力，同时也浪费了贝壳中宝贵的生物钙。文献报道，贝壳中含有95%以上的碳酸钙，是良好的钙源。如果能很好地利用沿海地区这种资源优势，充分挖掘贝壳资源的潜在市场，将其制备成更安全可靠和易吸收的饲用补钙剂柠檬酸钙，可达到变废为宝、减少环境污染和资源高值化利用的目的。

6.4.1.1 实验目的

① 通过柠檬酸钙的制备了解破碎和筛分及粒度分析的目的和意义，理解固体废物回收利用的意义及资源化的有效途径和方法。

② 针对柠檬酸钙的制备影响因素，能够独立选取实验参数，正确选取反映资源化效果的指标。

③ 能够利用相关理论知识分析并解决柠檬酸钙制备实验过程中出现的问题。

④ 应用作图软件对实验结果进行处理，利用理论知识进行分析讨论，针对实验异常现象分析原因，得出有效结论。

6.4.1.2 实验原理

本实验以花蛤壳为钙源通过直接法与柠檬酸反应制成柠檬酸钙，该工艺简单、节省能耗，制得柠檬酸钙的产率为73%左右、纯度为94%左右，为贝壳的综合利用开辟了新的途径。涉及的反应方程式为：

$$CaCO_3 + C_6H_8O_7 \cdot H_2O \longrightarrow C_{12}H_{10}Ca_3O_{14}$$

贝壳粉的粗细均匀程度对柠檬酸钙的产率具有明显的影响。因此，贝壳使用之前需破碎筛分以获得不同目数的贝壳粉，以便于均匀地分散到柠檬酸溶液中促进与柠檬酸的快速反应。实验可选用颚式破碎机与球磨机对贝壳进行破碎处理。

6.4.1.3 实验设备与材料

(1) 材料

贝壳、柠檬酸（分析纯）、碳酸钠（分析纯）。

(2) 设备

破碎机、封闭式粉碎机、振筛机、标准筛一套、马弗炉、鼓风干燥箱、天平、烧杯、离心机。

6.4.1.4 实验步骤

① 新鲜的贝壳原料，用清水将贝壳内外表面异物去除干净，用浓度15%的 Na_2CO_3 溶液浸泡去除表面油渍。用恒温鼓风干燥箱110℃下干燥，备用。

② 称取处理好的贝壳500g加入颚式破碎机中进行破碎，然后放入球磨机中进行球磨。

③ 将球磨之后的贝壳粉过筛，分别称取40目、60目、80目、100目、120目、140目的干贝壳粉各0.5g备用。

④ 柠檬酸钙的制备——最佳贝壳粉碎目数的确定：在钙酸比为0.75、固液比为15%、反应时间为2h、反应温度为35℃的条件下研究不同贝壳粉碎目数对柠檬酸钙产率的影响并确定最适的贝壳粉碎目数。

⑤ 称取0.7g柠檬酸溶解于25mL去离子水中，不断搅拌下将上述不同目数的贝壳粉加入柠檬酸溶液中，在35℃下搅拌反应1h。

⑥ 产物回收：抽滤收集固体，再用蒸馏水洗涤至中性，将所得产物放恒温干燥箱100℃

烘干，然后称重。

6.4.1.5 注意事项

① 在进行样品破碎时，须严格参照说明书并在老师指导下进行设备使用。

② 使用前要检查破碎机、球磨机、标准筛是否可以正常运转，待正常运转后方可投加物料。

③ 使用后及时关闭实验设备和电源，保持实验设备整洁、干净。

6.4.1.6 实验数据记录与处理

(1) 实验结果记录

不同目数的贝壳对柠檬酸钙产率的影响实验结果记录见表6-8。

表6-8 不同目数的贝壳对柠檬酸钙产率的影响实验结果记录

目数	样品质量/g	理论产量/g	实际产量/g	产率/%
40				
60				
80				
100				
120				
140				

(2) 产率计算

产率=实际产品质量/样品质量×100%。

(3) 绘制实验曲线及实验结果分析讨论

以目数为横坐标，以实际产率为纵坐标，绘制目数与实际产率的曲线，并结合相关理论知识对结果进行分析讨论。

6.4.1.7 思考题

① 除了贝壳粉粒度大小之外，还有哪些因素会影响柠檬酸钙产率?

② 除了本实验贝壳粉转化为柠檬酸钙，对于贝壳粉，还有其他资源化的途径和方法吗?

6.4.2 建筑垃圾综合利用生产氯化钙、氢氧化铝实验

6.4.2.1 实验目的

本实验以建筑垃圾中的混凝土为生产原料，经过低温化学分解，生产氢氧化铝、氢氧化铁、氯化钙等一系列化工产品，是建筑垃圾综合利用新方法。该实验可采用开放性实验的运行模式，提高学生自行设计实验和解决问题的能力。通过实验，要求达到以下目的：

① 了解建筑垃圾处理利用的基本途径，能够独立进行实验方案编制；

② 掌握建筑垃圾综合利用生产氯化钙、氢氧化铝的方法、原理及操作步骤，能够独立选取实验参数，并正确选取指标；

③ 能够利用相关理论知识分析并解决建筑垃圾综合利用实验过程中出现的问题；

④ 利用理论知识对结果进行分析讨论，针对实验异常现象分析原因，得出有效结论。

6.4.2.2 实验原理

混凝土中的化学成分主要为 SiO_2、Fe_2O_3、Al_2O_3、CaO 等，将混凝土破碎到一定粒度后，利用化学法分解混凝土中各种主要元素，然后通过调节 pH 的方法来进行分离，最后生产 $Fe(OH)_3$、$Al(OH)_3$、$CaCl_2$、白炭黑等产品。在最佳条件下，分解率可以达到 99%。

处理工艺流程见图 6-3，包括：①建筑垃圾粉碎，与盐酸混合，煮沸反应，过滤得到滤液一和滤渣一；②滤液一用氢氧化钙乳液调节 pH 值到 4，过滤分离得到氢氧化铁沉淀与滤液二，滤液二用氢氧化钙乳液调节 pH 值到 2，过滤分离得到氢氧化铝沉淀与滤液三，滤液三加热干燥得到氯化钙或二水氯化钙；③滤渣一与氟硅酸混合反应，分离得到含 SiF_4 的气体和灰渣，SiF_4 气体经水吸收得到白炭黑和吸收液（重复利用），灰渣加水研磨后与盐酸混合煮沸得到滤液四和滤渣二，滤液四汇入滤液一，滤渣二汇入滤渣一，重复上述步骤。

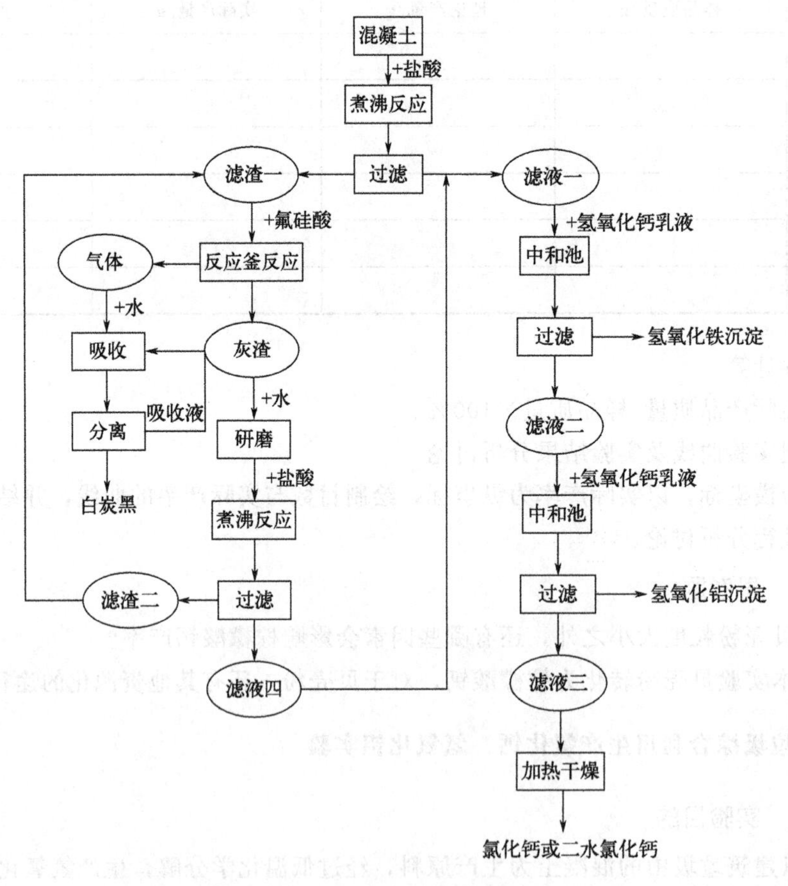

图 6-3 处理工艺流程图

6.4.2.3 实验材料与设备

(1) 实验材料

混凝土、盐酸、玻璃器皿。

(2) 实验设备

密封式制样粉碎机、标准检验筛、磁力加热搅拌器、数显恒温水浴锅、天平。

6.4.2.4 实验步骤

① 实验用建筑垃圾为废混凝土块，用密封式制样粉碎机粉碎至100～200目。

② 粉碎后的建筑垃圾与盐酸混合，盐酸浓度为2mol/L，建筑垃圾与盐酸质量比为1∶5；煮沸反应2h，然后过滤，得到滤液一和滤渣一。

③ 将滤液一用氢氧化钙（质量分数5%）乳液调pH值到4，过滤分离出红棕色沉淀氢氧化铁和滤液二，然后继续用氢氧化钙乳液将滤液二的pH值调到7，过滤分离出白色絮状沉淀氢氧化铝和滤液三，再把滤液三蒸干，得到白色固体氯化钙或二水合氯化钙。

④ 滤渣一的处理。将滤渣一与氟硅酸混合反应，蒸干得到含有SiF_4的挥发性气体和固体，含有SiF_4的挥发性气体经水吸收后得到白炭黑和吸收液，将蒸干后的固体加水研磨，再加入盐酸煮沸后过滤，得到滤液四和滤渣二。所用氟硅酸质量分数为30%，滤渣一与氟硅酸的质量比为1∶6；所述反应温度是在120℃的温度下油浴加热；盐酸的浓度为2mol/L，固体与盐酸的质量比为1∶3。

⑤ 将滤液四用氢氧化钙乳液调pH到2，然后与滤液一混合；滤渣二返回到步骤②中与粉碎的建筑垃圾或滤渣一混合。

6.4.2.5 注意事项

① 在进行样品破碎时，须严格参照说明书并在老师指导下进行设备使用。

② 煮沸过程应在通风橱进行，防止挥发性的酸雾和气态污染物质挥发至周围空气中。

6.4.2.6 实验数据记录与处理

（1）实验结果记录

建筑垃圾综合利用实验数据记录见表6-9。

表6-9 建筑垃圾综合利用实验数据记录 单位：g

建筑垃圾质量	粉碎后垃圾质量	$Fe(OH)_3$质量	$Al(OH)_3$质量	$CaCl_2$质量	白炭黑质量

（2）实验结果处理与分析讨论。

计算产率，并运用相关理论知识对结果进行分析讨论。

6.4.2.7 思考题

白泥、工业废盐酸和废碱、铝灰、电石渣等废弃物如何实现以废治废，变废为宝？请设计综合利用的工艺路线。

6.4.3 工业固体废物再生产品质量检测实验

6.4.3.1 实验目的

工业固体废物再生利用中，根据其工业原料和再生产品的组成、生产过程等要求来确定分析检测项目，常规检测项目包括二氧化硅、氧化铁、氧化铝、氧化钙、氧化镁等。通过实验要求达到下述目的：

① 了解在同一份试样中进行多组分测定的系统分析方法；

② 掌握固体样品检测的前处理方法；

③ 掌握在铁、铝、钙、镁共存时配位滴定法的测定原理及应用条件；

④ 能够对结果进行正确处理并进行分析讨论。

6.4.3.2 实验原理

工业固体废物及其再生产品检测时，首先要对固体试样进行前处理。试样在银坩埚中，以 NaOH 为熔剂，将试样熔融，然后用盐酸分解熔融物。取一定体积溶液，做常规元素的检测分析。主要分析测定原理如下：

① 二氧化硅含量测定原理：在过量的氟离子和钾离子存在的强酸性溶液中，使硅酸形成氟硅酸钾（K_2SiF_6）沉淀，经过滤、洗涤、沉淀及中和余酸后，加沸水，使氟硅酸钾沉淀水解生成定量的氢氟酸，以酚酞为指示剂，用氢氧化钠标准溶液进行滴定，由此测得二氧化硅的含量。

② 氧化铁含量测定原理：控制酸度为 pH＝2～2.5，溶液温度 60～75℃，以磺基水杨酸为指示剂，用乙二胺四乙酸（EDTA）标准溶液缓慢滴定，终点时由红紫色变为黄色。

③ 氧化铝含量测定原理。以 1-(2-吡啶偶氮)-2-萘酚（PAN）为指示剂的铜盐回滴法是普遍采用的一种测定铝的方法。在测定氧化铁后的溶液中，控制 pH 为 3.5，先加入过量的 EDTA 溶液，并加热煮沸，使 Al^{3+} 与 EDTA 充分配位，然后用 $CuSO_4$ 标准溶液回滴过量的 EDTA。滴定开始前溶液呈黄色，终点呈紫色。

④ 氧化钙和氧化镁的测定原理：在测定中，Fe、Al 含量高时，对 Ca^{2+}、Mg^{2+} 测定有干扰。用尿素分离 Fe、Al 后，以乙二醛缩双邻氨基酚（GBHA）或铬黑 T 为指示剂，用 EDTA 配位滴定法测定 Ca^{2+}、Mg^{2+}。

6.4.3.3 实验试剂和仪器

(1) 配制溶液

① 0.02mol/L EDTA 溶液：称取 4g EDTA，加 100mL 水溶解后，转移至塑料瓶中，稀释至 500mL，摇匀，待标定。

② 0.02mol/L $CuSO_4$ 标准溶液：准确称取 1.25g 分析纯五水硫酸铜，加入适量蒸馏水溶解，待完全溶解后转入 250mL 容量瓶中，用水稀释至刻度，摇匀。

(2) 指示剂

① 1g/L 溴甲酚绿 20％乙醇溶液；

② 100g/L 磺基水杨酸钠；

③ 3g/L PAN 乙醇溶液；

④ 1g/L 铬黑 T，称取 0.1g 铬黑 T 溶于 75mL 三乙醇胺和 25mL 乙醇中；

⑤ 0.4g/L GBHA 乙醇溶液。

(3) 缓冲溶液

① 氯乙酸-乙酸铵（NH_4Ac）缓冲液（pH＝2）：850mL 0.1mol/L 氯乙酸与 85mL 0.1mol/L NH_4Ac 混匀。

② 氯乙酸-乙酸钠缓冲液（pH＝3.5）：250mL 2mol/L 氯乙酸与 500mL 1mol/L NaAc 混匀。

③ NaOH 强碱缓冲液（pH＝12.6）：10g NaOH 与 10g $Na_2B_4O_7 \cdot 10H_2O$（硼砂）溶于适量水后，稀释至 1L。

④ 氨水-氯化铵缓冲液（pH＝10）：67g NH_4Cl 溶于适量水后，加入 520mL 浓氨水，稀释至 1L。

(4) 其他试剂

NH_4Cl（固体），氨水（1＋1），6mol/L 浓 HNO_3，2mol/L 浓 HCl 溶液，200g/L NaOH 溶液，500g/L 尿素水溶液，200g/L NH_4F，10g/L NH_4NO_3，0.1mol/L $AgNO_3$。

(5) 实验仪器

电子分析天平，马弗炉，瓷坩埚，干燥器，长坩埚钳、短坩埚钳，酸式滴定管、碱式滴定管，烧杯，容量瓶，锥形瓶和滴管等。

6.4.3.4 实验步骤

(1) 样品前处理过程

准确称取样品 0.5g，加入 5～6g NaOH，用银坩埚在 650～700℃熔融 20～30min。冷却后脱埚 [放入 100mL 水中，分别用蒸馏水和硝酸（1＋20）反复清洗坩埚 3～4 次]。在搅拌下一次加入 25mL 浓盐酸溶解熔块浸出物，再加入 1～2mL 硝酸（1＋1）煮沸，得澄清试液，冷却至室温，最后定容至 250mL。

(2) EDTA 溶液的标定

用移液管准确移取 10mL $CuSO_4$ 标准溶液，加入 5mL pH＝3.5 的缓冲溶液和 35mL 水，加热至 80℃后，加入 4 滴 PAN 指示剂，趁热用 EDTA 滴定至由红色变为绿色，即终点，记下消耗 EDTA 溶液的体积，平行 3 次。计算 EDTA 浓度。

(3) 二氧化硅含量的测定

① 上述试液定容后马上吸出 50mL 于塑料烧杯中，一次加入 15mL 浓硝酸后待用。在溶液中加入 10mL 15%的氟化钾溶液，搅拌，冷却至室温。再加入固体氯化钾，搅拌并压碎不溶颗粒，直至饱和。放置 10～15min，快速用滤纸过滤。塑料烧杯及沉淀用 5%氯化钾溶液各洗涤 2～3 次，KCl 溶液总体积控制在 20～25mL。

② 将滤纸连同沉淀置于原塑料烧杯中，沿杯壁加入 10mL 10%氟化钾-乙醇溶液及 2 滴酚酞指示剂，用氢氧化钠标准溶液中和未洗尽的酸，仔细搅动滤纸并擦洗杯壁，直至酚酞变为浅红（不计读数）。然后加入沸水至 300mL（沸水预先用氢氧化钠溶液中和至酚酞呈微红色），用氢氧化钠标准溶液滴定至微红色并记下读数。

(4) 氧化铁和氧化铝含量的测定

① 准确移取 25mL 试液于 250mL 锥形瓶中，加入 10 滴磺基水杨酸、10mL pH＝2 的缓冲溶液，将溶液加热至 70℃，用 EDTA 标准溶液缓慢地滴定至由酒红色变为黄色（终点时溶液温度应在 60℃左右），记下消耗的 EDTA 体积。

计算 Fe_2O_3 含量：

$$\omega_{Fe_2O_3}=\frac{1/2(cV)_{EDTA}M_{Fe_2O_3}}{m_s}\times 100\% \tag{6-5}$$

式中，$M_{Fe_2O_3}=159.7$g/mol。

② 在测定氧化铁后的溶液中，加入 1 滴溴甲酚绿，用氨水（1＋1）调至黄绿色，然后再加入 15.00mL 过量的 EDTA 标准溶液，加热煮沸 1min，加入 10mL pH＝3.5 的缓冲溶液、13 滴 PAN 指示剂，用铜标准溶液滴至紫色即终点。记下消耗的铜标准溶液的体积。

计算 Al_2O_3 含量：

$$\omega_{Al_2O_3}=\frac{1/2[(cV)_{EDTA}-(cV)_{CuSO_4}]M_{Al_2O_3}}{m_s}\times 100\% \tag{6-6}$$

式中，$M_{Al_2O_3}=102.0g/mol$。

(5) 氧化钙和氧化镁含量的测定

① 由于Fe^{3+}、Al^{3+}干扰Ca^{2+}、Mg^{2+}的测定，须将它们预先分离。为此，取试液100mL于200mL烧杯中，滴入氨水（1+1）至红棕色沉淀生成时，再滴入2mol/L HCl溶液使沉淀刚好溶解。然后加入25mL尿素溶液，加热约20min，不断搅拌，使Fe^{3+}、Al^{3+}完全沉淀，趁热过滤，滤液用250mL烧杯盛接，用1% NH_4NO_3热溶液洗涤沉淀至无Cl^-为止（用$AgNO_3$溶液检查）。滤液冷却后转移至250mL容量瓶中，稀释至刻度，摇匀。滤液用于测定Ca^{2+}、Mg^{2+}。

② 用移液管准确移取25mL试液于250mL锥形瓶中，加12滴GBHA指示剂，滴加200g/L NaOH使溶液变为微红色后，加入10mL pH=12.6的缓冲液和20mL水，用EDTA标准溶液滴至由红色变为亮黄色，即终点。记下消耗EDTA标准溶液的体积。

计算CaO含量：

$$\omega_{CaO}=\frac{(cV)_{EDTA}M_{CaO}}{m_s}\times 100\% \tag{6-7}$$

式中，$M_{CaO}=56.08g/mol$。

③ 在测定CaO后的溶液中，滴加2mol/L HCl溶液至溶液黄色褪去，此时pH约为10，加入15mL pH=10的氨缓冲液、9滴铬黑T指示剂，用EDTA标准溶液滴至由红色变为纯蓝色，即终点。记下消耗EDTA标准溶液体积。平行测定3次，计算MgO的含量。

$$\omega_{MgO}=\frac{(cV)_{EDTA}M_{MgO}}{m_s}\times 100\% \tag{6-8}$$

式中，$M_{MgO}=40.30g/mol$；m_s为实际滴定的每份试样质量，g。

以上各离子平行测定三次，求其平均值。

6.4.3.5 实验结果与处理

计算二氧化硅、氧化铁、氧化铝、氧化钙、氧化镁各成分测定结果，并进行分析讨论。

6.4.3.6 思考题

① 在滴定上述各种离子时，应分别控制什么样的酸度范围？怎样控制？

② 试写出本测定中所涉及的主要化学反应式。

7 物理性污染控制工程实验

7.1 隔声降噪实验

(1) 实验目的

① 了解隔声间结构组成，能够正确利用隔声间开展平均吸声系数测量以及隔声降噪实验；

② 能够正确进行采样点的布置，并应用声级计进行声压级的测量；

③ 能够利用隔声降噪理论知识分析并解决实验过程中出现的问题；

④ 能够利用理论知识对实验结果进行分析讨论，比较不同吸声材料对隔声间隔声效果的影响，针对实验异常现象分析原因，得出有效结论。

(2) 实验原理

隔声间是集隔声、吸声、消声降噪为一体的降噪技术。隔声间的隔声效果用插入损失IL来表征，是指隔声间安装前后在某点测得的声级差。

$$\mathrm{IL}=L_1-L_2=\overline{\mathrm{TL}}+10\lg\bar{\alpha} \tag{7-1}$$

式中，$\overline{\mathrm{TL}}$为隔声间的平均隔声量，$\overline{\mathrm{TL}}=\mathrm{TL}_2-\mathrm{TL}_1$，$\mathrm{TL}_1$和$\mathrm{TL}_2$分别为隔声间关闭和打开时在隔声间内某点处测得的声级；$\bar{\alpha}$为隔声间平均吸声系数，可以根据以下公式求得：

$$L_p=L_w+10\lg\left(\frac{Q}{4\pi r^2}+\frac{4}{R}\right) \tag{7-2}$$

$$R=\frac{S\bar{\alpha}}{(1-\bar{\alpha})} \tag{7-3}$$

式中，L_p为距离声源r处的声压级；r为离开声源的距离；L_w为声源声功率级；Q为指向性因子（球形辐射等于1，半球辐射等于2）；R为房间常数；S为房间面积。

(3) 实验装置与器材

① 隔声间。拼装式隔声间共4套，其中隔声材料为玻璃棉1套、岩棉板1套、聚酯纤维棉1套、三聚氰胺棉1套。隔声间主要技术指标：超低噪声吸顶灯，本底噪声小于30 dB；超低噪声风机；单层隔声消声墙面，现场整体拼装；电压(220±5)V；设有5孔插座4个；测听室照明度>100lx。A计权环境声压级，测听室<30 dB (A)；通风有进出风系统、排风消声器、进风消声器；外观冷轧钢板静电喷涂贴面；双层减振器；窗户，双层隔声玻璃窗；光催化剂技术材料，内装饰面为金属微孔铝扣板。

隔声间基本特点：隔声间整体悬浮安装、整体隔振；墙体采用多元声处理，具备良好的隔声、消声、吸声功能；隔声间工作时可强制通风换气；隔声间全部采用环保材料，安装完成即可投入使用；设计科学、安全稳固、材料结构抗变形能力强；主体模块组装式，可拆装、安装快捷、工厂化制造、运抵现场组装时间短。

隔声间结构尺寸：门尺寸900mm×1800mm；窗尺寸800mm×600mm；每个房间尺寸为2.1m×3m×2.3m，内高2m，外高2.3m。隔声间配置：听力计用信号转接器1套；通风系统（进、出）共8套；进口无噪声、低热、高亮照明灯；中空玻璃窗；不锈钢传感器挂钩1组；符合室内A声级计权值为30dB以下（室外不高于55dB）；单门单窗双悬浮结构；整体为钢结构，外表为冷轧钢板贴面，内装饰面为微孔金属铝扣板。

隔声间主体采用方形钢为骨架结构，为防振框架型，设双层减振器；采用模块式拼装，方便安装和拆卸。外侧板采用环保型优质玻璃钢板作面板；内装饰面采用金属微孔铝扣板，配合优质的吸声材料、隔声材料和阻尼涂料，具备良好的隔声、消声、吸声功能，提高低、中、高频噪声降噪效果；门窗关闭结合面采用密封嵌条密封；隔声间外接缝采用铝合金嵌条压接，整体美观实用；隔声间内设置进出风系统、排风消声器和进风消声器，用于室内通风换气并消除进出风系统产生的噪声；换气系统为超低噪声风机；照明采用防爆防尘的超低噪声吸顶灯。

② 声级计。

③ 声源（扬声器）。

④ 卷尺。

隔声降噪实验装置视频扫描隔声降噪实验装置视频二维码获取。

隔声降噪实验装置视频

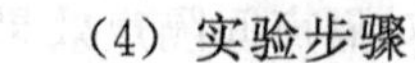

(4) 实验步骤

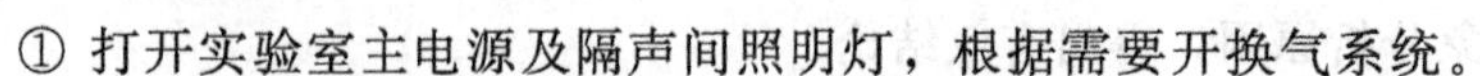

① 打开实验室主电源及隔声间照明灯，根据需要开换气系统。

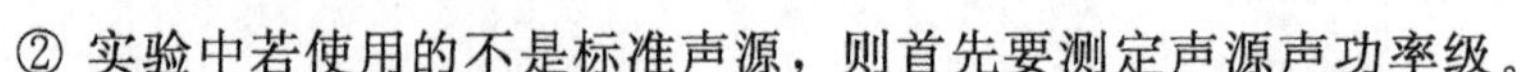

② 实验中若使用的不是标准声源，则首先要测定声源声功率级。

a. 将扬声器置于隔声间内地面中央，以扬声器中心点为圆心，以远小于混响半径的距离为半径在地面上画圆，可取混响半径的1/5。混响半径可先假设房间平均吸声系数为0.4，按照公式$r_c=\frac{1}{4}\sqrt{QR/\pi}=0.14\sqrt{QR}$进行估算（圆半径需要根据后面步骤中得到的实际吸声系数调整，若根据实际测定的平均吸声得到的r_c大于选定半径的5倍，则无须调整，反之需要重新调整）。式中，Q为声源指向性因子，本实验中Q为2；R为房间常数，按照式(7-3)计算。

b. 在所画的圆上等距离取5个点，做标记。

c. 打开扬声器，在标记处用声级计测声压级，取平均值［平均声压级并不是算术平均值，按照式(7-4)进行计算］。

$$\overline{L_p}=10\lg\left(\frac{1}{n}\sum_{i=1}^{n}10^{0.1Lp_i}\right) \tag{7-4}$$

d. 根据式(7-5)计算声源声功率级。

$$L_p=L_w+10\lg\left(\frac{Q}{4\pi r^2}\right) \tag{7-5}$$

e. 也可将声源置于室外空旷处，10m范围内无障碍物，以声源为圆心，离开声源任意距离作为半径画圆，在圆上等距离取5个点测声压级，计算平均声压级，扣除背景声压级，计算声功率级。

③ 在隔声间，以大于r_c距离为半径作圆，在所画的圆上等距离取5个点，做标记。

④ 打开扬声器，在标记处用声级计测声压级，取平均值［平均声压级并不是算术平均值，按照式(7-4)进行计算］。

⑤ 根据式(7-3)和式(7-6)计算隔声间平均吸声系数。

$$L_p = L_w + 10\lg\left(\frac{Q}{4\pi r^2} + \frac{4}{R}\right) \tag{7-6}$$

⑥ 将扬声器置于隔声间内原位置，打开扬声器。在隔声间外取一点，做标记；关闭隔声间门窗，在标记点处测声压级，共测 5 次取平均值，得 TL_1。

⑦ 打开隔声间门窗，在标记点处测声压级，共测 5 次取平均值，得 TL_2。

⑧ 根据式（7-7）计算隔声间隔声量。

$$IL = L_2 - L_1 = \overline{TL} + 10\lg\bar{\alpha} \tag{7-7}$$

⑨ 重复步骤①～⑦，测量并计算不同吸声材料隔声间的隔声量。

⑩ 实验完毕，关闭扬声器、声级计和隔声间照明、排气系统及主电源。

隔声降噪实验步骤视频扫描隔声降噪实验步骤视频二维码获取。

隔声降噪实验步骤视频

（5）注意事项

① 隔声间内测量时，操作人员停留时间控制在 30min 之内，超过 30min 需要打开换气系统。

② 实验室注意防火，严禁实验室有明火的使用。

③ 一旦发生火灾，立即用灭火器灭火。

④ 实验时尽量保证室内外有安静的声环境，避免人为发出声响，以减小误差。

⑤ 移动仪器时要轻拿轻放。

（6）实验数据记录与处理

① 实验结果记录。不同吸声材料隔声间平均吸声系数测算记录见表 7-1，不同吸声材料隔声间的隔声量测算记录见表 7-2。

表 7-1 不同吸声材料隔声间平均吸声系数测算记录

吸声材料	L_{p1}	L_{p2}	L_{p3}	L_{p4}	L_{p5}	L_p	R	$\bar{\alpha}$
玻璃棉								
岩棉板								
聚酯纤维棉								
三聚氰胺棉								

注：L_p 为声压级，dB；R 为房间常数，m^2；$\bar{\alpha}$ 为平均吸声系数，无量纲。

表 7-2 不同吸声材料隔声间的隔声量测算记录 单位：dB

吸声材料	TL_{11}	TL_{21}	TL_{12}	TL_{22}	TL_{13}	TL_{23}	TL_{14}	TL_{24}	TL_{15}	TL_{25}	TL_1	TL_2	$\overline{TL}$	IL
玻璃棉														
岩棉板														
聚酯纤维棉														
三聚氰胺棉														

注：TL_{11}、TL_{12}、TL_{13}、TL_{14}、TL_{15} 为隔声间关门时在隔声间外某一点处测得的 5 个声级，TL_1 为 5 次测量的平均值；TL_{21}、TL_{22}、TL_{23}、TL_{24}、TL_{25} 为隔声间开门时在隔声间外某一点处测得的 5 个声级，TL_2 为 5 次测量的平均值；$\overline{TL}$ 为隔声间平均隔声量；IL 为隔声间插入损失。

② 结果处理与讨论。利用表 7-1 和表 7-2 数据，通过式（7-3）～式（7-7）计算各隔声间平均吸声系数和插入损失，并根据降噪理论知识对实验结果进行分析讨论。

（7）思考题

① 从不同吸声材料隔声间的实验结果中，可以得到什么结论？

② 隔声间的降噪效果是否等同于其隔声量？

③ 若实验中没有标准声源，如何获得声源声功率级？

7.2 电磁辐射强度测定实验

（1）实验目的

① 了解电磁辐射原理及电磁辐射测量仪器；

② 能够正确进行采样点的布置，并应用电磁辐射测量仪测量不同电气设备的电磁辐射强度；

③ 能够利用电磁辐射理论知识分析并解决实验过程中出现的问题；

④ 能够应用作图软件对实验结果进行处理，利用理论知识对实验结果进行分析讨论，针对实验异常现象分析原因，得出有效结论。

（2）实验原理

① 电磁辐射产生原理。电磁辐射是指以电磁波形式通过空间传播的能量流，且限于非电离辐射，包括信息传递中的电磁波发射，雷达系统、电视和广播发射系统、射频感应及介质加热设备、射频及微波医疗设备、各种电加工设备、通信发射台站、卫星地球通信站、大型电力发电站、输变电设备、高压及超高压输电线等都可以产生各种形式、不同频率、不同强度的电磁辐射。电场和磁场的交互变化产生电磁波，电磁波向空中发射或泄漏的现象，叫电磁辐射。电磁辐射是一种看不见、摸不着的场。电磁辐射是物质内部原子、分子处于运动状态的一种外在表现形式。电磁频谱包括形形色色的电磁辐射，从极低频的电磁辐射至极高频的电磁辐射，两者之间还有无线电波、微波、红外线、可见光和紫外光等。电磁频谱中的射频部分一般是指频率为 3kHz～300GHz 的辐射。有些电磁辐射对人体有一定的影响。

② 电磁辐射测量仪工作原理。电磁辐射测量仪工作原理见图 7-1。测量仪所用的敏感元件是一个与场效应晶体管（T_1）连接的电感线圈（L_1）。T_1 是通过串接的固定电阻（R_1）和可变电阻（A_{j1}）在其导电区始端被极化的。T_1 的漏极上将呈现出 L_1 中产生的经过放大的电动势。呈现在电阻 R_2 端脚上的被放大的信号经由电容 C_1 送到设置在围绕 NPN 晶体管 T_2 建立的公共发射极上的第二放大级。T_2 集电极上呈现的信号幅度取决于周围的辐射强度；如果用示波器进行测试，可在 T_2 集电极看到 100mV 以上的电压波形。电容 C_2 是耦合电容，它将 T_2 放大后的信号送到 T_3，同时又起到隔直流的作用。T_3 的基极是通过固定电阻 R_5、R_6 和可变电阻 A_{j2} 建立偏置电压的。调节 A_{j2} 可使 T_3 达到无辐射截止点，从而熄灭集电极电路中的发光二极管 D_1。当辐射达到一定强度时，T_2 输出信号的负半波将导通 T_3，从而点亮发光二极管 D_1。电阻 R_7 可限制通过发光二极管 D_1 的电流。因为检测器只是用来判断辐射污染范围的，所以要设置一个简单的开关按钮 P_1。电容 C_3 作电源 BAT1 滤波用。

（3）实验仪器

电磁辐射测量仪、计算机、手机、电磁炉、电吹风、微波炉、刻度尺等。

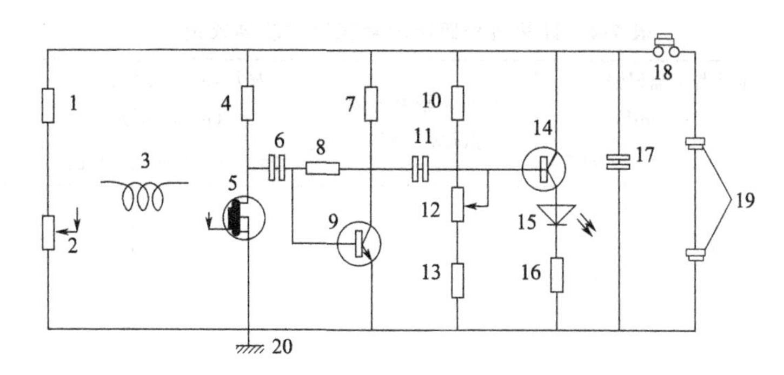

图 7-1　电磁辐射测量仪工作原理

1—R_1，1.5MΩ；2—A_{j1}，2.2MΩ；3—L_1；4—R_2，10kΩ；5—T_1，RS170；6—C_1，470μF；7—R_4，5.6kΩ；8—R_3，1MΩ；9—T_2，BC547C；10—R_5，4.7kΩ；11—C_2，1μF；12—A_{j2}，10kΩ；13—R_6，100kΩ；14—T_3，BC557C；15—D_1；16—R_7，1.8kΩ；17—C_3，100μF；18—P_1；19—BAT1，9V；20—辐射源

（4）实验步骤

① 首先了解电磁辐射测量仪的使用方法。打开电源开关，面板会显示数字。关闭电源开关，测量仪停止工作。

② 测试手机：打开仪器开关，测量手机在开机、关机、待机及通话等不同状态下电磁辐射强弱变化情况；测量手机在电池满电、电量不足等不同状态下电磁辐射强弱变化情况以及不同品牌手机在各种状态下电磁辐射强弱变化情况。

③ 测试计算机：打开仪器开关，将仪器靠近计算机显示器或计算机主机，距离计算机显示器或主机越近辐射会越大，不同的计算机辐射强度也会有差别，计算机电磁辐射大的可能达到几千 $\mu W/cm^2$，小的用仪器测试辐射值可能显示为 0（注意：当本实验仪器测试电磁辐射数值小于 $1\mu W/cm^2$ 时，仪器显示为 0）。

a. 测量显示器屏幕前不同距离处的电磁辐射强度；b. 测量计算机不同部位的电磁辐射情况；c. 测量不同品牌、不同显示器的计算机电磁辐射强度；d. 测量显示器不同方向上的电磁辐射强度。

④ 实验结束，关闭辐射源和测量仪。

（5）注意事项

① 电磁辐射测量仪使用前需进行校准。

② 若电磁辐射测量仪长时间不用，需取出电池，并将仪器放置于通风干燥处。

（6）实验数据记录与处理

① 实验结果记录。不同型号的手机在不同状态下实验结果记录见表 7-3，计算机随距离辐射强度实验结果记录见表 7-4，计算机报警距离实验结果记录见表 7-5。

表 7-3　不同型号的手机在不同状态下实验结果记录

项目	型号 1						型号 2					
	满电	电量不足	开机	关机	待机	通话	满电	电量不足	开机	关机	待机	通话
报警距离/m												
辐射强度/($\mu W/cm^2$)												

表 7-4 计算机随距离辐射强度实验结果记录

距离/cm	显示器 1 辐射强度 /($\mu W/cm^2$)			主机 1 辐射强度 /($\mu W/cm^2$)	显示器 2 辐射强度 /($\mu W/cm^2$)			主机 2 辐射强度 /($\mu W/cm^2$)
	正面	背面	侧面		正面	背面	侧面	

表 7-5 计算机报警距离实验结果记录

项目	显示器 1			主机 1	显示器 2			主机 2
	正面	背面	侧面		正面	背面	侧面	
报警距离/m								
辐射强度 /($\mu W/cm^2$)								

② 绘制实验曲线及实验结果分析讨论。

a. 记录手机在电池满电和电量不足的状态下，开机、关机、待机以及通话状态下的报警距离，以报警距离为横坐标，电磁辐射强度为纵坐标绘制柱状图，并对结果进行分析讨论。

b. 记录计算机不同部分不同距离的电磁辐射强度，不同品牌、不同显示器和主机不同距离处的辐射强度，显示器不同方向、不同距离的辐射强度，以距离为横坐标，电磁辐射强度为纵坐标绘制曲线图，并对结果进行分析讨论。

c. 记录计算机不同部分的报警距离，不同品牌、不同显示器和主机的报警距离，显示器不同方向的报警距离，以报警距离为横坐标，电磁辐射强度为纵坐标绘制柱状图，并对结果进行分析讨论。

（7）思考题

① 如何画出计算机显示器电磁辐射强度分布图？

② 通过实验，针对手机和计算机辐射强度可以得出什么结论？

参考文献

[1] 刘文卿.实验设计 [M].北京：清华大学出版社，2005.

[2] 方开泰，马长兴.正交与均匀实验设计 [M].北京：科学出版社，2001.

[3] 刘振学，王力.实验设计与数据处理 [M].2 版.北京：化学工业出版社，2015.

[4] 吴俊奇，李燕城，马龙友.水处理实验设计与技术 [M].4 版.北京：中国建筑工业出版社，2015.

[5] 尹奇德，王利平，王琼.环境工程实验 [M].武汉：华中科技大学出版社，2009.

[6] 刘媛媛.道路扬尘的理化特性研究分析 [J].四川水泥，2016 (11)：35.

[7] 王兵.环境工程综合实验教程 [M].北京：化学工业出版社，2011.

[8] 朱启红，王书敏，曹优明.环境科学与工程综合实验 [M].成都：西南交通大学出版社，2013.

[9] 楼菊青.环境工程综合实验 [M].杭州：浙江工商大学出版社，2009.

[10] 潘大伟，金文杰.环境工程实验 [M].北京：化学工业出版社，2014.

[11] 章非娟，徐竞成.环境工程实验 [M].北京：高等教育出版社，2006.

[12] 彭党聪.水污染控制工程实践教程 [M].北京：化学工业出版社，2015.

[13] 孙杰，陈绍华，叶恒朋，等.环境工程专业实验 [M].北京：科学出版社，2018.

[14] 刘延湘.环境工程综合实验 [M].武汉：华中科技大学出版社，2019.

[15] 张仁志，张尊举.环境工程实验 [M].北京：中国环境出版集团，2019.

[16] 银玉容，朱能武.环境工程实验 [M].广州：华南理工大学出版社，2014.

[17] 王云海，杨树成，梁继东，等.水污染控制工程实验 [M].西安：西安交通大学出版社，2013.

[18] 曾凡亮，罗先桃.分光光度法测定水样的色度 [J].工业水处理，2006 (9)：69-72+77.

[19] 国家环境保护总局.水和废水监测分析方法 [M].4 版.北京：中国环境科学出版社，2002.

[20] 中华人民共和国国家质量监督检验检疫总局，中国国家标准化管理委员会.粉尘物性试验方法：GB/T 16913—2008 [S].北京：中国标准出版社，2009.

[21] 薛真，薛彦辉.建筑垃圾综合利用方法：CN201710219237.2 [P].2019-04-15.

[22] 徐伏秋，张秋芬.硅酸盐工业分析实验 [M].北京：化学工业出版社，2009.